1. 먹을거리의 기본은 맛입니다. 몸에 좋은 먹을거리도 맛이 있어야 즐겁습니다.
   살림로하스는 좋은 재료 그 자체의 맛을 살리는 최소한의 레시피로 건강한 맛을 추구합니다.

2. 모든 먹을거리는 믿을 수 있는 재료로 만든 건강한 요리여야 합니다.
   살림로하스의 모든 레시피는 몸에 좋지 않은 것은 아무것도 넣지 않아 걱정 없이 즐길 수 있습니다.

3. 요리는 즐거워야 합니다. 레시피에 얽매이다 보면 요리가 어렵게 느껴집니다.
   재료 중 준비하기 어려운 것은 비슷한 맛이 나는 것으로 대체하거나 넣지 않아도 무방합니다.
   좋아하는 재료를 더 넣어도 좋습니다. 살림로하스의 레시피를 가이드라인으로 삼아 자기만의
   요리 스타일을 살려 보세요. 단 요리 초보자라면 레시피대로 하는 것이 좋습니다.

사계절 건강지킴이

매실로 차린
초록식탁
50가지

이보은

살림Life

에코인이 함께 만든 책!
먼저 읽어 봤어요!

김대중 | 대전 서구 만년동

매실 하나로 음료, 차, 밑반찬, 일품요리, 건강간식까지…… 활용할 수 있는 게 무궁무진하네요. 매실의 영양과 동의보감이 말하는 매실이야기가 흥미로웠습니다. 매실과 궁합이 맞는 식품 소개도 재미있었어요.

김지혜 | 서울시 강남구 역삼동

지금껏 설탕 대신 매실액을 넣어 밑반찬을 만든 적은 있지만 장아찌, 피클, 특별식, 간식, 음료 등 이렇게 많이 활용할 수 있는 줄은 몰랐네요. 일상에서 자주 써먹을 수 있는 주제(밑반찬, 요리, 간식, 음료)로 챕터를 구분해 놓아 필요한 내용만 쏙쏙 골라 볼 수 있어 좋았습니다.

문서연 | 서울시 구로구 구로1동

처음 원고를 받고 이보은 요리연구가의 책이라 더욱 재미있게 읽었습니다. 매실을 좋아해서 매년 담그지만 매실청을 물에 타서 먹거나 요리에 향을 돋우는 정도로만 활용했는데 이 기회에 다양한 활용법을 알게 되어 유익했습니다. 당장 만들어 보고 싶네요.

배정민 | 경기도 성남시 분당구

요즘은 어느 집을 가도 매실청 없는 집이 없죠. 제가 매실청을 처음 담갔을 때는 인터넷에 들어가서 찾아보았어요. 설탕에 대한 좋지 않은 이야기를 많이 들어서 꿀을 넣고 싶었는데 그런 정보는 없더라고요. 그런데 이렇게 구체적으로 만드는 법이 나오니 정말 좋은데요? 식초로 활용하는 건 생각도 못해 봤는데 신기하고요. 족욕도 하는군요. 약간 찐득할 것 같기도 한데……. 활용 요리가 너무 많아서 놀랐습니다. 아마 매실 관련 책 중 으뜸일 것 같아요.

※「살림로하스」원고 모니터링에 참여해 주신 한살림, 파주두레생협, 마포두레생협 조합원 100여 분께 감사드립니다.

자연영양제 매실이 가족 건강을 지킨다

세상엔 많은 즐거움이 있습니다. 먹는 즐거움, 배우는 즐거움, 남에게 베푸는 즐거움, 타인이 내게 주는 즐거움…….

저는 이 많은 즐거움 가운데 요리하는 즐거움 또한 빠질 수 없다고 생각합니다. 요리를 하는 즐거움은 음식을 먹을 때보다 내가 만든 정성스러운 요리를 먹고 상대가 환하게 웃어줄 때 더 큽니다. 즉 요리는 먹는 즐거움이라기보다, 건강을 나누고 정을 베푸는 즐거움이 더 크다고 볼 수 있습니다.

매년 6월, 알이 잘 여문 매실을 구입합니다. 항아리도 깨끗이 닦아 햇볕에 소독시키고, 질 좋은 천일염을 준비해서 미리 간수를 다 빼 놓은 후 매실 갈무리를 합니다. 매실을 손질하여 매실청, 매실진액, 매실장아찌를 담그는 동안 가족의 건강은 물론, 가까운 지인에게 선물할 생각을 하면 더욱 신명납니다.

오복 중에 하나가 건강이라고 하지요? 맛과 건강을 듬뿍 담은 매실진액을 예쁜 병에 담아 지인들에게 선물한다면, 그야말로 건강을 전하는 셈입니다. 음식으로 정을 나눈다고 하는데, 매실은 정과 함께 건강을 나눈다고 볼 수 있습니다.

매실은 대표적인 저장식품으로 한 번 만들어 놓으면 365일 가족 건강을 지킬 수 있는 팔방미인 식재료입니다. 과음하는 아빠에게는 숙취 해소로, 공부에 지쳐 늘 피로한 아이들에게는 피로 회복제로, 엄마에게는 피부 미용제로 더 없이 좋지요.

대개 매실진액을 물에 희석해 마시거나 매실주 등으로 즐기는데, 요리할 때 넣으면 매우 요긴하게 사용할 수 있습니다. 매실청이나 매실진액을 만들어 놓으면 음식을 만들 때 설탕 대신 사용해 깊고 향긋한 단맛을 살릴 수 있고, 해산물이나 생선 요리에 넣으면 잡냄새를 제거해 주어 요리가 더욱 깔끔하고 담백합니다.

특히, 매실은 태양이 뜨거워지는 여름에 진가를 발휘합니다. 매실을 이용한 음료는 더위를 먹어 기력이 쇠한 것을 보충시켜 주고 땀이 많이 나는 사람들에게 활력을 북돋아 줍니다. 또 항균작용이 월등해 여름철 식중독을 예방하기도 합니다. 그러니 다가오는 여름을 대비해 매실을 담가 두는 것도 참 좋겠지요.

이 책에는 매실로 만든 다양한 요리가 있습니다. 매실을 갈무리해서 만들어 놓은 매실청, 매실진액, 매실식초 등 매실가공품들을 우리가 매일 먹는 밥상에 응용하는 방법을 알려 드렸습니다. 많은 분들이 이 책을 통해서 매실과 한층 더 친숙해지고 매실로 건강한 웰빙을 실천하길 바랍니다.

이 보 은

한눈에 보는 레시피

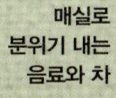

Contents
차례

CHAPTER 01

매실이
우리 몸을
살린다

여름에 수확한 매실을 매실청이나 매실진액으로 담가 두면 1년 내내 몸 구석구석을 챙겨주는 건강지킴이가 된다. 매실은 비타민, 유기산, 무기질이 풍부해 피로 회복과 기력 보충에 좋고, 속이 더부룩하고 소화가 안 될 때도 효과가 있다. 새콤한 향에 은근한 단맛이 있어 음료로 마시기에도 그만인 매실은 피를 맑게 하고, 살균 해독, 피부 노화 방지에도 효과를 발휘해 늘 가까이 두고 두루 쓰기에 좋은 요리 재료다.

매실의 영양

과음한 아빠에게는 숙취 해소, 공부하는 아이들에게는 피로 회복, 엄마에게는 피부 미용까지.
매실은 누구에게나 쓸 수 있는 가족 영양제.

약알칼리성 식품인 매실은 80퍼센트 정도가 과육이고 과육의 85퍼센트 정도가 수분, 나머지는 당질이다. 유기산과 무기질이 풍부하고 카로틴도 함유하고 있다. 여름철 무더위에 좋은 매실 음료는 더위를 먹고 기력이 쇠한 것을 보충시켜 주고 땀이 많이 나는 사람들에게 활력을 준다. 식중독을 예방하는 항균작용도 뛰어나서 생선 요리나 생선회에 매실로 만든 양념이나 매실주로 밑간을 하거나 먹을 때 매실주를 곁들이기도 한다.

동의보감에는 "매실은 성질이 평(平)하고 맛이 시며 독이 없다. 갈증과 흉부의 열기를 없앤다. 남쪽 지방에서 특히 많이 나며 음력 5월에 노랗게 된 열매를 따서 불에 쬐어 말리면 오매(烏梅)가 되고, 식염에 절이면 백매(白梅)가 된다. 또는 연기에 그을려도 오매가 되며 볕에 말려 뚜껑이 잘 맞는 그릇에 담아 두어도 백매가 된다. 이것을 쓸 때에는 반드시 씨를 버리고 약간 볶아야 한다. 날것은 시어 치아와 뼈를 상하게 하고 허열이 나기 때문에 많이 먹지 말아야 한다."고 기록되어 있다.

피를 맑게

매실에는 구연산, 사과산, 주석산, 호박산 등의 유기산과 칼슘, 인, 철분, 마그네슘, 아연 등의 무기질이 풍부하다. 이 중에서 다른 과일에 비해 월등하게 함량이 높은 구연산은 혈액 속에 쌓여 있는 산성 노폐물을 몸 밖으로 내 보내고 피를 맑고 깨끗하게 해 주어 동맥경화, 고혈압, 암 등의 성인병이 생기는 것을 막아 준다.

피로 회복

매실에 풍부한 구연산은 우리 몸에서 젖산을 빨리 분해하고 해독시켜 피로를 풀어 주고 세포와 혈관을 튼튼하게 한다.

피부 노화 방지

매실이 가지고 있는 유기산과 무기질은 호르몬의 분비와 신진대사를 원활하게 해 피부를 곱게 하고 몸에 활력과 생기를 주어 젊음을 유지시킨다.

소화를 잘되게, 위장을 튼튼하게

소화가 안 돼 속이 더부룩할 때 매실청을 물에 타서 마시면 위액 분비를 촉진시켜 소화를 돕는다.

해독 작용으로 간장 보호

음식의 독성을 없애 주는 매실은 체내의 독성을 없애는 역할도 하기 때문에 노폐물을 해독하는 간의 기능을 빠르게 회복시켜 숙취 해소에 효과가 있다.

탁월한 살균작용

매실의 살균력은 위산을 도와 해로운 균을 없애는 역할을 한다. 날것으로 먹는 생선회에 매실장아찌를 잘게 다져 생강즙과 함께 곁들이면 식중독균이 살균된다. 육류 요리에도 매실청, 매실즙, 매실주로 고기를 밑간하거나 매실청을 넣은 양념을 쓰면 항균 작용을 하여 고기를 먹은 뒤에도 탈이 없다. 면역력이 약한 사람이나 유아에게 안심하고 권할 수 있다.

매실의 종류와 쓰임

매실은 음력 5월에 풋매실로 수확하는 청매와 음력 6월에 완숙하여 수확하는 황매로 나눈다.
가공 방법에 따라 구분하기도 한다.

수확시기에 따른 매실

청 매 음력 5월경에 풋매실 상태로 수확하는 청매는 덜 익어서 과육이 딱딱하고 껍질은 파랗다. 맛이 무척 시고 떫은데다 독성이 있어 생으로는 먹지 않고 매실청, 매실 진액 등으로 가공하여 먹는다. 매실주, 매실잼 등을 만들 수도 있다.

황 매 노랗게 완숙한 후에 수확한 것으로 향이 진하고 신맛이 덜 하다. 과육이 물러 진액이 흘러나올 수 있으 므로 수확 후 바로 가공해야 한다. 영양면에서는 청매보 다 못하지만 매실식초, 매실주를 황매로 담그면 매실의 진한 향과 단맛을 낼 수 있다.

가공법에 따른 매실

금 매 청매를 쪄서 말린 것이다. 찔 때 불의 세기가 아 주 세야 빠른 시간에 고루 익혀져 말릴 때 곰팡이가 피 지 않고 깨끗하다. 한방 약재로 많이 쓰이는데 완전히 말려야 오래 보관할 수 있고 약효도 오래 간다.

오 매 청매의 껍질을 벗기고 과육만 짚불에 그을려 검 게 말린 것이다. 까마귀 색 같다고 오매란 이름이 붙여 졌다. 차로 마시면 불면증, 가래, 기침, 설사, 발열 등에 효과를 볼 수 있다.

백 매 황매를 소금에 절인 후 볕에 꾸덕꾸덕하게 말린 것이다. 입 냄새가 심한 사람이 입 안에 넣고 있으면 냄 새가 가신다. 상처 부위에 백매를 다져 두면 소독이 되 어 빨리 아문다.

 매화와 매실

매난국죽(梅蘭菊竹) 사군자의 하나인 매화는 이른 봄, 잎이 나기 전에 꽃이 먼저 피고,
늦겨울 눈 속에서도 피어나 설중매(雪中梅)라고 불리며 선비들의 오랜 사랑을 받았다.
매화의 열매를 매실이라 하지만 꽃을 보기 위한 관상용 매화나무와 과실을 얻기 위한 매실나무는 품종이 달라서
도시에서 흔히 볼 수 있는 관상용 매화나무의 열매는 잘 먹지 않는다.
종종 초봄에 피는 벚꽃과 혼동되는데 매화는 벚꽃보다 먼저 피고 향이 더 강하다.
벚꽃은 꽃잎 끝이 살짝 갈라져 있어 화려하고, 가지에서 꽃자루가 길게 나와 흐드러지게 피지만,
매화는 꽃잎이 작고 둥글고 꽃이 가지에 찰싹 달라붙어 한 두 송이씩 피기 때문에 단아하고 지조 있게 느껴진다.

매실을 이용한 생활 건강법

매실은 음료나 요리뿐 아니라 일상생활에서 천연 살균제로 다양하게 활용할 수 있다.

매실식초를 이용한 양치

매실을 넣어 담근 식초를 찬물에 희석해서 양치물로 사용하거나 입안을 헹구면 입 냄새를 없애 주고 입안을 해독시켜 구강염과 기침 감기, 목감기를 예방해 준다. 매실정과를 먹는 것도 구취를 없애는 효과가 있다.

매실 족욕

따끈한 물 1리터에 매실식초나 매실주 3큰술 정도를 넣은 뒤 족욕을 하면 피로 회복도 빠르고 무좀도 예방한다.

매실 천연팩

건성 피부는 매실진액에 꿀을 넣고 지성 피부는 매실진액에 녹두가루를 넣어 얼굴에 바른다. 피부 속에 있는 노폐물이 말끔하게 제거되어 피부가 매끈해진다.

매실 씨 베개

매실주, 매실청을 담그고 남은 건지는 장아찌를 담그는데 이때 발라낸 씨를 버리지 말고 잘 씻어 말린 후 모시나 베로 감싸 베개 속으로 넣으면 숙면과 함께 두피 마사지 효과를 얻을 수 있다.

주방용품 소독

행주를 삶을 때는 매실식초를, 숟가락 젓가락을 삶을 때는 매실주 한 큰술을 넣으면 쉽게 살균될 뿐만 아니라 주방에 은은한 매실 향이 배어 천연 방향제 역할도 한다.

매실 고르기

매실청, 매실진액, 매실주 등은 1~3년 성도 두고 먹으므로 품종이 좋고
신선한 것으로 잘 골라서 담가야 한다.

**음력 5월 말부터
음력 6월에
수확한 것으로**

청매는 음력 5월 말에서 6월 초에 걸쳐 수확하고 황매는 더 오래 익혀 딴다. 음력 5월 초에 어린 매실을 미리 따서 나중에 파는 경우도 있는데 시간이 지나면서 껍질을 덮고 있던 부드러운 털이 벗겨지므로 털이 벗겨지고 얼룩진 것은 구입하지 않도록 한다.

또 청매는 익을수록 과육이 단단하고 씨와 과육의 밀착도가 높기 때문에 반을 갈라 보고 매실이 단단하지 않고 약간 무른 듯하면 제때 수확하지 않은 것으로 봐야 한다.

**옆모양이
둥근 타원형이고
위에서 보면
동글동글한 것으로**

개복숭아, 살구 등과 혼동하기 쉬운데, 매실은 옆에서 봤을 때 둥근 타원형이고 위에서 보면 동글한 모양새가 뚜렷하다. 좋은 매실의 표면에는 미세한 잔털이 고르게 나 있지만 살구나 개살구는 잔털이 없고 매끈한 느낌이다. 또 매실은 익으면 익을수록 신맛이 강하고 과육과 씨가 밀착되어 발라내기 어렵지만 살구는 익으면 단맛이 나면서 씨와 과육이 쉽게 떼어진다.

**매실에 흠집이
없는 것으로**

매실 표면에 흠집이 없고 색이 선명한 것을 골라야 가공 후에 독성이 없어지고 영양이 그대로 유지된다. 상처가 있거나 갈라진 것, 흠집이 생겨 물이 나오는 것, 살짝 모양이 눌려져 갈색으로 변한 것은 고르지 않는다.

매실과 식재료의 궁합

매실청, 매실진액, 매실장아찌, 매실주 등을 요리에 이용하면 궁합이 잘 맞는 재료가 많아
영양도 풍부해지고 매실의 맛을 다양하게 느낄 수 있다.

보양 재료와 궁합
인삼, 대추, 생강, 녹차

무더위 보양식으로 많이 쓰이는 인삼과 대추, 건강을 생
각하고 마시는 녹차, 여름철 차의 재료에 많이 쓰이는 생
강을 매실과 함께 재우거나 우려 마시면 더 강한 보양 효
과를 볼 수 있다.

- 인삼을 매실청에 재워 두었다가 하루에 한 개씩 편으로
  썰어 먹으면 감기에도 좋고 몸에 활력을 느낄 수 있다.
- 인삼차에 설탕 대신 매실진액을 넣으면 인삼 성분을 빠
  르게 흡수할 뿐 아니라 쓸쓸한 맛 대신 감칠맛을 내 준다.

- 대추를 잘게 채 썰어 매실청에 담가 놓거나 매실청을
  담글 때 대추 몇 알을 넣으면 독성이 없어지고 맛이 순
  해지며 영양이 더욱 높아진다.
- 녹차를 우려 마시거나 녹차를 이용한 요리를 할 때 매
  실청, 매실진액을 넣어 단맛을 내면 녹차의 쓸쓸한 맛
  이 없어지고 풍미를 더할 수 있다.
- 몸을 따뜻하게 해 주는 생강차에 매실청, 매실진액을 녹
  여 먹으면 설탕이나 꿀을 넣어 먹는 것보다 속이 편하다.

향신채와 궁합
마늘, 대파, 양파, 고추

고기의 잡냄새와 생선의 비린내를 없앨 때 마늘, 대파, 양파 등 향신채를 넣는데, 매실은 향신채의 강한 향과 맛을 줄이면서 고기의 잡냄새나 생선의 비린내는 없애는 역할을 한다.

▪ 마늘의 짙은 향이 생선의 풍미를 죽인다면 마늘 양을 줄이고 매실주로 밑간을 한다. 생선 본래 맛을 살려 주면서 매실의 영양을 더할 수 있다.
▪ 대파와 양파를 넣어 만드는 고기찜, 고기잡채 등에 매실청으로 단맛을 내면 대파, 양파의 아린 맛을 줄이고 감칠맛은 높일 수 있다.
▪ 매운 고추를 넣어 먹는 생선조림, 고기볶음 등에 매실청을 넣으면 칼칼한 맛을 살리면서 생선과 고기의 풍미를 높일 수 있다.

건어물과 궁합
멸치, 진미채, 보리새우

볶음으로 먹는 짭조름한 잔멸치, 고추장에 칼칼하게 무쳐 먹는 진미채, 넉넉한 기름에 볶아 먹는 보리새우. 이와 같은 건어물 밑반찬에 매실을 이용하면 매실의 영양이 스며 칼슘, 칼륨 등의 영양 성분을 높이고 맛도 새롭다.

▪ 멸치를 기름에 볶을 때 매실주를 한 큰술 넣어 볶으면 멸치의 비린 맛이 없어진다.
▪ 건어물을 고추장으로 조릴 때 윤기를 내는 맛의 비결이 바로 매실엿과 매실진액이다. 불에서 내린 후 섞어 버무리면 건어물에 윤기가 더하면서 감칠맛을 오래 느낄 수 있다.

CHAPTER 02

매실로
만드는
기본 메뉴

매실에 설탕을 넣어 3개월 이상 발효시킨 매실청, 매실의 진액을 우려낸 매실진액에서 매실주, 매실잼, 매실식초, 매실장아찌까지. 매실을 이용한 기본 메뉴 몇 가지를 준비해 놓으면 다양한 요리에 감초처럼 사용할 수 있다. 또 음료와 과자 재료로 활용할 수 있다.

매실청

매실을 이용하는 가장 기본적인 방법. 매실에 설탕을 넣어
3개월 이상 우려낸 매실 원액으로 맑고 새콤달콤한 맛이 특징이다.
대추를 함께 넣어 매실의 독성을 없애고 맛과 영양을 높인다.

1 매실은 청매로 준비해서 꼭지를 떼고 마른 행주로 물기를 닦은 뒤에
  이쑤시개로 군데군데 구멍을 낸다. 이쑤시개로 구멍을 내야
  매실의 진액이 많이 우러 나온다.
2 대추는 깨끗이 씻어서 가위 끝으로 칼집을 3～4개 내 준다.
3 냄비에 물을 붓고 설탕 1컵을 넣어 중간 불에 녹여 시럽을 만든다.
4 끓인 시럽이 식으면 꿀 1/2컵을 넣은 후 녹인다.
5 소독한 병에 매실과 대추를 담고 나머지 설탕을 켜켜이 뿌린다.
6 윗면에 설탕을 충분히 뿌린 후 4의 시럽을 부어서 밀봉한다.
7 3개월이 지나 매실의 즙이 빠져 나오면 매실청만 걸러서
  병에 담아 냉장 보관한다.

재료(매실청 약 1ℓ 분)
청매실 ················· 500g
설탕 ·················· 3컵
물 ··················· 1/2컵
꿀 ··················· 1/2컵
대추 ·················· 10개

매실청의 활용

매실청은 맛이 풍부하고 깔끔해 설탕 대용이나 조미료로 모든 요리에 사용할 수 있다. 매실청에 간장을 넣어 매실간장을 만들어 두면 고기를 재우거나 나물무침, 생선조림의 맛을 낼 때 쓸 수 있다. 또 생수나 레몬 띄운 물에 타서 냉매실차로 마시면 더운 여름철 갈증을 금방 없애 준다. 매실청을 담그고 남은 건지는 매실주나 매실잼, 매실고추장장아찌를 담글 때 쓸 수 있고, 설탕과 꿀에 버무려 조리면 정과를 만들 수도 있다. 발라낸 씨는 깨끗이 씻어 말려 베개 속으로 쓰면 좋다.

매실청을 담그는 용기

옹기 매실청은 발효 음식이므로 숨 쉬는 옹기에 담그면 발효가 빠르고 향이 풍부해진다. 밀봉되지 않으므로 벌레나 곰팡이가 생기지 않도록 무거운 뚜껑으로 잘 덮는다. 천이나 창호지, 비닐 등으로 싸서 고무줄로 묶어 두어도 좋다.

유리병 소독과 보관이 간편하나 옹기에 비해 발효가 느리다. 발효 과정에서 가스가 생겨 밀봉했을 경우 유리병이 터질 수도 있다. 가스가 너무 차지 않도록 가끔 뚜껑을 열어 주는 게 좋다.

매실청에 쓸 수 있는 설탕의 종류

매실과 설탕은 1:1 비율이 적당하다. 설탕의 양이 적으면 하얗게 곰팡이가 피면서 상할 수 있다.

백설탕 사탕수수나 사탕무 원액에서 원심분리로 당을 추출한 뒤 화학 정제로 얻은 설탕이다. 순도가 높지만 가공 과정에서 무기질이 거의 제거된다.

황설탕 백설탕을 같은 방법으로 더 오랜 시간 가공하여 색깔과 향이 진해진 설탕이다.

흑설탕 황설탕에 캐러멜 시럽을 넣어 색과 향을 높인 설탕이다.

유기농 설탕 유기농 원재료에 정제, 가공 과정을 줄여 무기질 함량은 높고 당도가 낮다. 매실청을 담글 때 매실 대 설탕을 1:1.2 이상으로 넣어야 당도가 맞는다.

마스코바도 원심분리 원리를 이용하는 설탕과는 달리, 사탕수수를 압착하고 끓이고 졸여 거르는 전통식 가공과정만을 거쳐 사탕수수 본연의 풍미와 무기질이 풍부하다. 사탕수수 향이 강해 요리의 맛이 다를 수 있다.

 꿀과 궁합이 안 맞다는 설도 있던데 괜찮을까요?

일반적으로 매실은 꿀과 함께 먹거나 청을 담그면 매실의 약효가 떨어진다고 알려져 있다. 본초강목 등의 옛고서에 매실과 꿀이 맞지 않는다고 나와 있기 때문인데 설탕과 함께 꿀시럽을 만들어 당도를 높이면 약효가 떨어지진 않는다. 매실청이나 진액은 온도가 높은 여름철에 부글부글 끓어 오르고 시큼한 맛을 내기 쉬운데 설탕시럽과 꿀을 섞어 만들면 매실청의 당도도 높아지고 시큼한 맛이 덜하다. 일반적으로는 설탕만으로 매실청을 만드는데, 꿀을 넣어 색다르게 만들어 보자.

매실주

매실주는 향이 달고 뒷맛이 깔끔해 그냥 마시기에도 좋지만
요리용 술로도 다양하게 쓸 수 있다.
매실청을 만들고 남은 건지에 소주를 부어 만드는 것이
경제적이지만 청매에 바로 술을 부어 만들면 맛과 향이 더욱 좋다.

재료
청매 ················ 500g
소주 ················ 1리터
대추 ················ 10개

1 청매는 씻어 물기를 완전히 말린다.
2 끓는 물로 소독해서 말린 용기에 매실을 담고
  잘 씻어 물기를 닦은 대추를 함께 넣는다.
3 매실 담은 용기에 소주를 부어 밀봉한 다음
  서늘한 곳에 보관한다.
4 3개월이 지나 숙성되면 매실을 건져 내고
  다시 밀봉해서 다음 해에 먹기 시작한다.

매실주의 활용
육류와 생선의 밑간이나 양념으로 사용하면 잡냄새와
비린내를 없앨 수 있다. 신경이 예민해지고 불안할 때
한 잔 정도 마시면 마음이 안정된다.

매실식초

청매의 풋풋한 맛이 나는 매실식초는 생수에 희석해서 매일 아침 마시면
장운동을 활발하게 해 주어 변비를 없애 주고 피부를 곱게 한다. 노화방지에도 효과적이다.

재료
청매 ·························· 500g
식초(두 배 식초) ······· 10컵

🍵 마시는 매실식초

일반 식초에 비해 신맛이 덜하기 때문에
음식에 넣을 경우 양을 넉넉히 잡아야 하고,
적당한 신맛이 음료로 알맞다. 매실식초에
뜨거운 물을 붓고 꿀을 넣어 마시면
소화에 도움을 주고 임산부의 메슥거리는
토기를 잠재울 수 있다. 마른기침, 잔기침을
하는 사람에게도 도움이 된다.

1 청매는 꼭지를 떼고 깨끗이 씻어 건진다.
2 가제로 1의 물기를 닦아낸다.
3 병에 담아 식초를 붓고 2개월 정도 밀봉한다.
4 3의 청매를 건진 뒤에 가제에 밭쳐서
  발효된 식초만 따라 보관한다.

매실잼

깔끔하면서 새콤달콤한 맛이 일품인 매실잼은 다른 잼보다 영양이 풍부하고 깊은 단맛을 내어
설탕의 단맛을 싫어하는 사람이 반길 만하다. 쿠키나 샐러드를 만들 때 소스로 쓰기에도 좋다.

재료

매실 ·················· 1kg
설탕 ·················· 500g
레몬즙 ··············· 1큰술

1 매실은 깨끗이 씻어 씨를 발라내고 설탕에 1시간 정도 재운다.
2 1의 매실 절임을 냄비에 넣고 조린다.
3 매실 과육이 걸쭉하고 윤기 나게 조려지면 레몬즙을 넣고 잠시 더 조린다.
　 찬물에 떨어뜨려서 풀어지지 않고 바닥에 가라앉으면 잼의 농도가 맞는 것이다.
4 뜨거운 물로 소독한 병에 뜨거운 잼을 넣고 뚜껑을 열어서 식힌 다음
　 밀봉해서 냉장고에 보관한다.

 제대로 된 매실잼

설탕을 너무 많이 넣으면 부드럽지 못하고 식은 후 딱딱할 수 있으니
설탕의 양 조절에 주의한다. 매실잼은 1년 정도 먹을 수 있지만
가정에서 방부제 없이 보관할 경우 곰팡이가 생길 수 있으니
3개월 단위로 끓여 식히기를 반복하는 게 좋다.

매실정과

정과는 과일이나 뿌리를 꿀이나 설탕에 조려 만든 한과를 말한다.
매실정과는 매실 과육에 꿀과 설탕을 조려 약간 딱딱한 느낌을 즐기는 과자로
맛이 특별하고 고급스러운데다 입 냄새를 잡아 주는 효과도 있다.

재료

청매 ·················· 1kg
설탕 ·················· 600g
쌀조청 ··············· 200g
구운 소금 ············ 약간

1 청매는 깨끗이 씻어 구운 소금을 푼 물에 살짝 데치고 찬물에 헹궈 건진다.
2 냄비에 물을 2컵 정도 붓고 설탕을 넣어 끓인다.
3 2의 설탕물에 청매를 넣어 중간 불에서 5분, 약한 불에서 40분 정도 조린다.
　 이때 씨는 발라내지 않는다.
4 물이 거의 없어지면 불에서 내려 쌀조청을 붓고 남은 열에 의해서
　 매실에 조청이 스며들도록 자주 저어 가면서 섞는다.

 사탕으로, 소화제로

매실정과는 설탕으로 조렸기 때문에 오랫동안 보관할 수 있다.
사탕이나 일반 과자를 싫어하는 사람들의 간식으로 활용하거나
휴대가 간편하므로 등산, 여행이나 비상 시 소화제로 쓰도록 한다.

매실장아찌

매실 과육에 죽염과 설탕, 차조기잎을 넣어 만든 장아찌는
입맛을 높일 뿐 아니라 혈액순환을 도와주고 염증을 가라앉히는 데 효과가 있다.
기력이 쇠해 소화가 안 될 때 특히 좋은 반찬이다.
여름철 생선요리를 먹을 때 식중독 예방도 된다.

재료

황매	2kg
소금	2컵
설탕	100g
죽염	60g
차조기잎	30g

1 매실은 황매로 준비하여 깨끗하게 씻고
  황매가 잠길 정도로 소금 푼 물을 부어서 2일 정도 절인다.

2 1의 매실을 건져서 채반에 4일 정도 꾸덕꾸덕하게 말리면
  황매에 쪼글쪼글한 주름이 잡힌다.

3 매실이 잠길 정도의 물에 설탕과 죽염을 넣어서 팔팔 끓여 식힌다.

4 3의 물이 완전히 식으면 용기에 2의 매실을
  차조기잎과 함께 넣고 3의 물을 붓는다.
  이때 황매가 물에 완전히 잠겨야 곰팡이가 슬지 않는다.

5 3일에 한 번씩 4의 물을 따라내고 끓였다가 식혀 다시 붓는 과정을
  3회 정도 반복해서 완성한다.

 차조기

깻잎과 비슷한 모양의 야생초로 무기질이 풍부하고 독특한 향이 있다.
식욕을 돋우고 살균효과가 아주 뛰어나 일본에서는 생선회에 자주 곁들인다.
붉은색과 푸른색이 있는데 자소라고 불리는 붉은 차조기는
매실장아찌에 은은한 붉은색을 돌게 한다.

 매실장아찌 100퍼센트 활용하기

일본에서의 매실장아찌인 우메보시는 우리의 김치만큼이나 필수적인 기본 반찬이다. 매실과 차조기가 모두
살균 효과가 좋아 도시락 반찬으로 곧잘 쓰인다. 차조기 외에 다시마나 가다랑어를 넣어 만들기도 한다.
반찬뿐만 아니라 양념으로도 쓰이는데, 가다랑어 포를 우려낸 간장 육수에 굵게 다진 매실장아찌를 섞고 해산
물이나 생선 요리의 양념으로 쓰면 잡냄새를 없애 주고 맛이 담백해진다.
야채의 드레싱으로도 좋아서 곱게 간 참마나 소금에 살짝 절인 오이를 다진 매실장아찌로 무쳐도 좋다. 곱게
다져 주먹밥의 속재료로 쓰거나 뜨거운 밥에 넣고 버무린 후 주먹밥을 만들어 김 가루에 굴려 먹어도 그만이다.

매실고추장장아찌

아삭아삭한 느낌과 칼칼하고 매콤한 맛이 입맛을 돋아 준다.
밑반찬으로 두고 먹기에도 좋고, 굵게 다져 간식으로 활용해도 좋다.
생매실을 소금에 절이는 대신 매실청을 담그고 남은 건지를 이용해도 된다.

재료
청매 300g
소금 2큰술

장아찌양념
고추장 1/3컵
저민 마늘 1큰술
설탕 4큰술
통깨 2큰술

1 청매는 깨끗하게 씻어 물기를 닦고 소금을 뿌려 고루 버무린다.
2 하룻밤 지난 후에 매실을 건져 소쿠리에 담고 3일 정도 햇볕에 바짝 말린다.
3 장아찌양념 재료를 분량대로 넣고 섞는다.
4 말린 매실에 3의 장아찌양념을 넣고 버무려 밀폐용기에 담았다가
   한 달 후부터 맛이 배면 꺼내 먹는다.

 매실고추장장아찌로 더 맛있게
고추장 양념을 살짝 걷어 낸 후에 장아찌만 채 썰거나 굵게 다져 으깬 두부와 버무려 부친다.
감자를 포슬포슬하게 찐 후에 다진 매실고추장장아찌를 넣고 동그랗게 버무려
팬에 노릇하게 구우면 저칼로리 영양 간식으로 그만이다.

매실진액

설탕으로 오랜 기간 매실의 맑은 즙을 우려내는 것이 매실청이라면,
열을 가해서 진득하게 농축시킨 것이 매실진액이다.
차와 요리에 다양하게 쓸 수 있는 매실진액은 매실의 맛과 향이 그대로 유지되어
냉장 보관을 하면 2~3년 숙성시켜 먹을 수 있다.

1 매실은 상처가 없고 싱싱한 것으로 준비해서 깨끗하게 씻는다.

2 씨를 발라낸 후에 믹서에 갈아 가제에 거른다.

3 법랑냄비나 도자기냄비에 흑설탕과 함께 넣고 주걱으로 저어 가면서 약한 불로 은근히 조린다.

4 매실의 수분이 증발하면서 녹색에서 흑갈색으로 변할 때까지 조린다.
  주걱으로 떠 보아 끈적끈적한 실이 나오면 완성된 것이다.

5 식힌 다음에 용기에 담아 상온에서 보관한다.

재료
청매 ·································· 2kg
흑설탕 ······························ 1kg

🌿 **매실의 영양이 농축된 진액**
매실의 유익한 성분이 농축된 매
실진액은 맛이 강하고 신맛이 많
은 것이 특징이다. 설탕을 넣지 않
고 청매만으로도 만들지만 단맛을
조금 넣는 것도 깔끔해서 좋다. 매
실진액을 우릴 때는 은근하게 조
려야 성분이 확실해지고 효능이
높아진다. 씨는 끓이면 독성이 강
해지니 과육만 발라서 조린다.

매실피클

향이 좋고 아삭아삭한 매실피클은 입맛을 돋우고 입을 개운하게 한다.
물러지지 않도록 냉장고에서 숙성시켜 보관하는 것이 좋다.

1 매실(황매)는 소금 푼 물에 헹궈 건져 물기를 완전히 말린 후 소금을 뿌려 잠시 절인다.
 청매로 피클을 담글 때에는 통으로 하지 않고 매실을 4~6쪽으로 잘라 소금을 뿌려 절인다.
2 매실이 나른하게 절여지면 매실의 소금물을 꼭 짜낸다.
3 끓는 물로 소독한 병에 2의 매실과 설탕을 켜켜로 넣고
 밀봉해서 10일 이상 냉장고에 둔다.
4 새콤달콤하게 맛이 배면 먹는다.

재료

매실(황매)	500g
소금	3큰술
설탕	300g

매실피클을 곁들인 시원한 무채
매실피클 10알, 무 150g, 소금 약
간, 레몬식초 1큰술, 쌀조청 1큰술,
다진 파 1큰술, 다진 마늘 1작은술,
생강즙 약간.

무는 껍질째 씻어 길게 채 썰고
아삭한 맛이 나도록 15분 정도
소금에 절인다. 절인 무의 물기를
꼭 짜고 얄팍하게 채 썬 매실피클
과 레몬식초, 쌀조청, 다진 파, 다
진 마늘, 생강즙을 넣고 버무려
차게 해서 먹는다.

이 땅에 매화천국을 만들고 싶습니다!

홍쌍리 명인은 우리나라 최초의 식품 명인이자 매실 전문가이면서 자연건강법의 전도사다. 또한 땅과 풀을 살리는 환경농법을 실천하는 농사꾼이기도 하다. 농사일 끝난 밤이면 남정네처럼 투박해진 손으로 시를 쓰고 읊는다. 봄이면 전국방방곡곡에서 매화를 보러 오는 관광객들로 인산인해를 이루는 섬진강 청매실농원을 일궈온 매실의 산 역사, 그녀를 만나러 전라도 광양 백운산 자락으로 나섰다.

1965년 당시 이곳은 산간벽지로 돌투성이 산자락에 밤나무만 심어져 있고, 매화나무는 드물게 있었다. 이런 곳에 있는 밤나무를 매화나무로 바꿔 심어야 했으니 얼마나 수많은 날들을 눈물로 지새워야 했으며 얼마나 많이 도망치고 싶었을까? 하지만 46년 한 길을 파온 매실인생을 홍쌍리 명인은 이렇게 정리했다.
"65년도 시집와서 66년도 3월에 매화꽃이 내 마음을 붙잡았고요. 6월에 콩밭 매다 매실을 하나 주워 먹은 게 지금의 내가 됐어요."

"나는 자연이 너무 좋아요"

이곳 매화마을은 1931년 홍쌍리 명인의 시아버지인 율산 김오천 선생이 일본에서 건너오면서 밤나무 1만 주와 매실나무 5천 주를 가져와 섬진강변 백운산 기슭에 심은 것이 기틀이 되었다. 그 기틀을 3만 평 너른 땅에 매실나무는 물론이고 온갖 야생초로 뒤덮여 사시사철 꽃이 피는 명소로 키워낸 장본인이 홍쌍리 명인이다. 와본 사람은 알겠지만 그 모습이 장관이라 천국이 따로 없

다. 과수원에 이렇게 많은 야생화를 심은 이유가 궁금했다.
"인생은 사계절 같은 것이고……. 매실을 받아먹는 것도 좋지만, 이곳에 와서 보는 그 순간이라도 안 좋은 것이 있으면 잊어 버리고 마음의 찌꺼기가 있으면 씻어 버릴 수 있는 천국으로 만들고 싶었어요. 왜 천국을 만들고 싶으냐 하면, 내가 볼 때 아파트에 사는 사람은 창살 없는 감옥이거든요. 쿵쿵 뛸 수가 있나, 옆집 들릴까 무서워 하하 웃을 수가 있나……. 그래서 내가 천국을 만들어 줄 테니 맘이 아프고 힘이 들 때 찾아오너라 그런 맘인 거죠. 자연은 펑펑 울든 악을 쓰든 다 들어 주니까. 내가 하는 일이 향기가 되고 약이 될 수 있다면 마음이 아픈 사람에게 다 나누어 주고 싶어요. 지금은 한 60퍼센트 정도 만들어졌어요. 나머지 40퍼센트는 자식 없는 노인네들 모셔다가 '내가 약상 차려 줄게, 편히 계셔라' 그러는 게 제가 하고 싶은 일이예요. '복숭아꽃 살구꽃 아기진달래'라는 노래처럼 옛날로 돌아가서 그분들의 옛 경험을 돌려 주고 싶은 거죠."
이야기를 듣고 있자니 홍쌍리 명인의 훈훈한 마음에 전해졌다. 게다가 그녀의 자연에 대한 사랑은 얼마나 깊은지 신명나는 자연 예찬에 절로 즐거워진다.

"자연은 아름다운 정원 같아요. 봄비에 세수하고, 부슬비에 손발 씻고, 소낙비에 목욕하고……. 재미있게 노는 것 같지만 꼭 그런 것만도 아니예요. 천둥치고, 번개치고 온갖 역경을 이겨내야 하

거든요. 나는 자연이 너무 좋아서 이곳 매화축제를 하얀 꽃저고리에 초록치마를 입은 듯 만들고 싶었어요. 그런데 벚꽃은 3월에 피는데, 잡초는 4월에 올라오거든요. 그림이 안 그려지는 거예요. 그래서 무엇을 심을까 곰곰이 생각해 봤죠. 아무리 생각해 봐도 보리밖에 없더라고요. 보리를 쫙 심고 보니까 겨울에는 잔디요, 봄에는 초록색 치마요, 보리가 익으면 황금벌판이 되니 하얀 밀짚모자, 하얀 모시옷에 하얀 고무신을 신고 지나가면 자연은 천국이요, 이 여인은 천사요…… 신선이 따로 없더라고요."

매실, 왜 좋은가?

한때 암으로 두 번의 수술을 받고 루마티스 관절염으로 고생하고 교통사고 후유증까지 겪었던 홍쌍리 명인이 건강을 되찾은 비결은 매실농사를 지으며 자연 속에서 얻은 체험과 전통방식으로 매실음식을 만들어 섭취한 데 있다. 매실과 궁합이 맞는 음식이 무엇인지 우문(愚問)을 던졌더니 다음과 같은 현답(賢答)이 돌아왔다.

"매실은 궁합이 맞는 음식, 안 맞는 음식 그런 게 없어요. 우리가 수세미를 가지고 그릇을 씻을 때 사기그릇도 씻고, 유리그릇도 씻고, 스텐그릇도 씻지요? 매실은 수세미와 같아서 우리 몸을 깨끗이 씻어내는 해독 작용을 해요. 여름에 조개 먹지 마라, 회 먹지 마라 그러는데 매실과 같이 곁들여 먹으면 식중독에 걸리질 않아요. 가축도 사료에 매실을 섞어 먹이면 절대 광우병, 조류독감 이런 거 안 걸려요. 매실진액은 아주 강한 신맛이 나서 먹기 어려운데 아침저녁으로 꾸준히 먹으면 간은 신이 나서 춤을 추는 반면 세균은 다 죽어요. 너무 시어서 못 먹겠으면 '내가 이렇게 신데 세균은 어떻게 살겠나' 생각하며 먹으세요."

2등 인생은 싫다

'나는 남이 가는 길은 안 간다. 남이 하는 일은 안 한다'라는 것이 신조라는 홍쌍리 명인은 '2등 인생 되지 마라, 자격증 두 개 따지 마라, 적당한

파도는 넘어 봐라'라는 세 가지 원칙을 제시했다. 첫째는 1등을 다 할 수는 없지만 1등에 가깝도록 살아야 한다는 게 그 이유이며, 둘째는 한 개도 잘 하기 어려운데 뭐 하러 두 개, 세 개씩 자격증을 따려 하느냐는 것이며, 셋째는 미쳐라, 미치지 않고서는 아무것도 할 수 없기 때문이라는 것이다. 평생의 신조는 그녀의 지나온 길, 농사에 대한 철학에서도 나타난다.

"농사를 작품이라고 지어야지, 돈이라고 지으면 안 되는 거예요. '나는 농사를 작품으로 지을게, 도시민은 부디 밥상을 약상으로 차려 먹어라' 이런 생각을 가지고 있으면 농약을 칠 수가 없지요. 또 농부가 이런 마음으로 농사를 지으면 농림부나 농촌진흥청이나 기술센터가 농민과 도시민이 손잡고 아름다운 춤과 노래를 부를 수 있도록 연결고리를 만들어 줍니다. 이게 농민이 잘 살 수 있는 길입니다. 이처럼 작품이라고 생각하고 농사를 지어야 우리 농민도 잘 살 수 있는 거예요. 나는 시에서 필요하다고 하면 그냥 다 줘요. 내가 땅 내고 돈 내면 시에서도 도와주더라고요. 그러니 내가 지은 농사, 내가 만든 이 천국을 자식들이 팔아먹을 수 있겠어요? 못 팔아먹죠. 자식에게만 대물림하다보면 언젠가는 없어질 수 있는데, 난 안 팔아먹고 대대로 내려가는 방법을 찾은 거예요. 내가 미친듯이 만들어 놓으면 다음에는 가꾸기만 하면 되거든요. '다 좋은 데 팔아먹지만 마라' 이거죠."

넓을 홍에, 쌍둥이 쌍에, 임금 왕(王)변에 마을 리(里)를 가진 홍쌍리(洪雙理) 명인은 그 이름처럼 넓은 세상에서 두 몫의 일을 하고 전국 매실 농민을 돌보는 대모가 되었다. 그녀 스스로 매화는 내 딸이요, 매실은 내 아들이니 자신은 세상에서 가장 많은 아들딸을 가졌노라며 행복해 하지만, 손 마디마디에 박힌 굳은살은 46년 긴 농사가 얼마나 힘들었는지 짐작케 한다.

"보고 싶은 사람 될게, 못 잊어 다시 찾는 사람 될게, 엄마의 품속처럼 꼭 보듬어줄게, 고향 같은 농민이 되어 줄게." 하시던 홍쌍리 명인님. 이제 건강도 생각하셔서 쉬엄쉬엄 하세요.

CHAPTER 03

매실로
입맛 돋우는
밑반찬

멸치, 진미채, 도라지, 마늘, 우엉, 연근…….
볶아 먹고 조려 먹는 흔한 반찬거리들도 매
실진액이나 매실청을 넣으면 매실의 풍부한
영양까지 더해져 깊고 산뜻한 새로운 맛으로
탄생한다.

매실청 잔멸치볶음

칼슘이 풍부해서 골다공증 예방에 좋은 멸치는 매실청에 볶으면 비린 맛도 없어지고
매실이 가지고 있는 무기질이 혼합되어 노화 방지에 좋다.

재료 (4인분)
잔멸치 ·················· 1컵
마늘 ·················· 10쪽
튀김기름 ·················· 2큰술

양념장
매실청 ·················· 3큰술
간장 ·················· 2큰술
청주 ·················· 1큰술
통깨 ·················· 1작은술

1 잔멸치는 마른 팬에 살짝 볶은 후 체에 넣고 흔들어 가루를 없앤다.
2 마늘은 껍질을 벗기고 얄팍하게 편으로 썬다.
3 달군 팬에 튀김기름을 두르고 마늘을 넣어 노릇하게 볶는다.
4 3에 잔멸치를 넣고 볶다가 한켠으로 멸치를 밀어 놓고
  간장과 청주, 매실청을 넣어 지글지글 끓으면 잔멸치와 섞어 볶는다.
5 잔멸치에 윤기가 나면 불을 끄고 통깨를 뿌려 버무린다.

 잔멸치는 마른 팬에 미리 볶아야

잔멸치는 마른 팬에서 미리 볶아 비린 맛을 완전히 없앤 후 양념을 섞어야 깔끔하다.
센 불에서 잔멸치가 타지 않도록 조심하며 볶는다.

매실고추장 진미채조림

오징어살을 가공한 진미채는 두고 먹으려면 곧잘 상한다.
하지만 매실고추장으로 버무리면 독성을 없애고 살균 작용을 해서 보다 오래 두고 먹을 수 있다.

재료 (4인분)

진미채 ················· 100g
실파 ··················· 3대
통깨 ··················· 약간

매실고추장

매실청 ················ 3큰술
고추장 ················ 2큰술
간장 ················· 1작은술
맛술 ·················· 1큰술
다진 마늘 ············· 1작은술
설탕 ················· 1작은술

1 진미채는 잡티를 골라낸 후에 5센티미터 길이로 자른다.

2 1을 뜨거운 물에 데친 후 찬물에 헹궈 물기를 꼭 짠다.

3 매실청에 고추장, 간장, 맛술, 마늘, 설탕을 넣어 매실고추장을 만든다.

4 볼에 데친 진미채와 매실고추장을 넣고 살살 버무려 무친다.

5 무친 진미채에 실파를 송송 썰어 넣고 통깨를 뿌려서 낸다.

🍃 **깔끔하고도 꼬들한 진미채로**

요리하기 전에 진미채를 뜨거운 물에 살짝 데치면 잡티를 없애 주고 위생적이다.
뜨거운 물에 재빨리 데치고 찬물에 바로 헹궈야 진미채의 꼬들꼬들한 질감이 살아난다.

매실식초 도라지생채

도라지는 잔기침을 멎게 하고 몸의 해독 작용을 빠르게 하는 건강 재료다.
매실청이나 매실식초로 조리하면 매실의 풍부한 풍미가 도라지의 쓴맛을 없애 준다.

재료 (4인분)

도라지 ·········· 1팩(200g)
쪽파 ··················· 2대
청양고추 ·············· 1개
매실식초 ··········· 2큰술
매실청 ············· 3큰술
소금 ··············· 1작은술

생채 양념장

매실식초 ··········· 1큰술
고운 고춧가루 ······ 1큰술
고추장 ············· 1큰술
참치액 ········· 1/2작은술
다진 마늘 ········· 1작은술
매실청 ············· 1큰술
소금 ················· 약간

1 도라지는 껍질을 벗겨 먹기 좋게 썰고, 소금을 넣어
   바락바락 주물러 씻은 후 물에 헹궈 건진다. 키친타월로 살짝 물기를 제거한다.

2 쪽파는 1센티미터 길이로 썰고 청양고추는 반을 갈라 씨를 빼고 채 썬다.

3 1의 도라지에 매실식초, 매실청, 소금을 넣고 잠시 절여 도라지의 쓴맛을 없앤다.

4 절인 도라지는 물에 헹궈 건져 물기를 꼭 짠다.

5 생채 양념장 재료를 분량대로 섞는다.

6 도라지에 양념장을 넣어 고루 무쳐 맛을 내고
   쪽파와 청양고추로 버무려 그릇에 담아낸다.

 매실로 다스리는 도라지

매실청과 매실식초에 먼저 재우면 도라지의 잡냄새가 없어지고 씁쓸하지 않다.
너무 오래 담가 두면 자칫 도라지 본래의 맛까지 없어지니 20분 정도가 적당하다.

매실간장 더덕무침

사포닌이 풍부한 더덕은 향이 독특하고 맛이 달아 애호가가 많다.
위와 간을 보호하고 회복시켜 주는 더덕에, 위와 간에 효능을 발휘하는 매실을 더한다.

재료 (4인분)

더덕	300g
실파 송송 썬 것	2큰술
실고추 · 통깨	약간씩
쌀뜨물	1컵
소금	약간

매실간장

매실청	2큰술
간장	1큰술
맛술	1큰술
다진 마늘	1작은술
참기름	1큰술
소금	약간

1 더덕은 껍질을 벗긴 후 쌀뜨물로 헹구고 반을 갈라 방망이로 자근자근 두드린다.
2 매실청에 간장과 맛술, 마늘, 참기름을 넣어 매실간장을 만든다.
3 2에 더덕을 넣어 조물조물 무치고 소금으로 간을 맞춘다.
4 3에 실파 송송 썬 것을 올리고 짧게 자른 실고추와 통깨를 뿌려 낸다.

🌿 **감칠맛 나는 매실간장**

매실간장은 매실청과 간장의 비율을 2:1로 넣어야 가장 맛있다.
강한 단맛을 원하면 매실청을 1/2큰술 정도 더 넣는다.
매실간장에 넣는 간장은 간이 짜지 않고 숙성이 잘되어 감칠맛이 좋은 것으로 사용한다.

매실청 마늘장조림

슈퍼 푸드 중에서도 으뜸인 마늘의 알리신은 소화와 흡수를 도와 우리 몸의 에너지를 만든다.
피로 회복에 특효인 매실로 맛을 낸 마늘장조림은 단연 스태미나 식품이다.

재료 (4인분)

마늘 ······················· 20쪽
간장 ······················· 2큰술
다시마 우린 물 ······· 1/2컵
매실청 ··················· 3큰술
쌀뜨물 ····················· 1컵

1 마늘은 껍질을 벗겨 준비한다.

2 쌀뜨물을 끓여 마늘을 데치고 건져서 식힌다.

3 냄비에 간장과 다시마 우린 물, 매실청을 붓고 끓인다.

4 3에 마늘을 넣어 약한 불에서 은근하게 25분 정도 조린다.

 쌀뜨물로 부드럽게

마늘을 쌀뜨물에 데치면 아린 맛이 없어지면서 맛이 순해진다.
쌀뜨물은 세 번째 받은 것으로 쓰면 깨끗하다.

매실소스 곤약메추리알조림

곤약을 메추리알과 함께 조리면 포만감은 크지만 칼로리가 낮아 좋은 다이어트식이 된다.
매실소스로 다이어트 후 다시 살이 찌는 부작용도 막을 수 있다.

1 곤약은 쌀뜨물에 데쳐 2센티미터 너비로 납작하게 썰고
   가운데 길게 칼집을 넣고 한쪽 끝을 칼집 안쪽으로 넣고 꼬아 매작과 모양을 만든다.
2 메추리알은 물에 소금을 약간 넣고 10분 정도 삶은 후 찬물에 바로 헹궈 껍질을 벗긴다.
3 매실소스 재료를 분량대로 넣고 섞는다.
4 냄비에 4의 매실소스를 붓고 메추리알과 곤약, 대파, 마른 홍고추를 넣어 조린다.
   국물이 거의 없어질 때까지 조려야 맛있다.

🍃 **메추리알 매끈하게 삶는 방법**
메추리알을 삶을 때 소금을 넣고 삶은 후 찬물에 5분 정도 담갔다가 껍질을 벗기면 깔끔하게 벗겨진다.
10분 정도 삶으면 완숙된다.

재료 (4인분)

곤약	100g
메추리알	20개
대파	1/2대
마른 홍고추	2개
소금·쌀뜨물	약간씩

매실소스

매실청	4큰술
간장	3큰술
다시마 우린 물	1컵
다진 마늘	1작은술
청주	1큰술

매실진액 우엉꽈리고추볶음

우엉에 많은 이눌린은 간의 독소를 없애 주고 정신을 맑게 해 준다.
매실진액을 넣어 우엉의 쌉쌀한 맛은 줄이고 씹히는 맛은 살리고!

재료 (4인분)

우엉	100g
꽈리고추	16개
마늘	2쪽
식초	1큰술
통깨	1작은술
소금	약간
튀김기름	약간

매실진액 양념장

매실진액	2큰술
간장	2큰술
청주	1큰술
고운 고춧가루	1작은술
참기름	1/4작은술

1 우엉은 껍질을 벗기고 반으로 잘라 어슷하게 저며 썬 후
   식초와 소금을 넣은 물에 헹궈 건진다.

2 마늘은 채 썰고, 꽈리고추는 깨끗이 씻어
   꼭지를 떼고 가위로 어슷하게 칼집을 넣는다.

3 매실진액 양념장 재료를 분량대로 넣고 섞는다.

4 달군 팬에 기름을 두르고 마늘을 넣어 볶다가 향이 나면
   우엉을 넣고 볶은 후 3의 매실진액 양념장을 넣는다.

5 우엉에 간이 배면 꽈리고추를 넣어 재빨리 볶는다.

6 5의 꽈리고추에 간이 배면 불을 끄고 통깨를 뿌린다.

 우엉 색이 변하지 않게

우엉은 껍질을 벗기면 산화하여 갈색으로 변하므로 껍질을 벗기고 채를 써는 동안 식초 탄 물에 담가 둔다.
식초가 변색을 막고 떫은맛도 없애 주기 때문이다. 곱게 채 썰어서 마지막 헹구는 물에 식초 한 방울을 떨어뜨려도
갈변현상을 막을 수 있다.

매실소스 연근조림

연꽃의 뿌리줄기인 연근은 예로부터 쇠약해진 기력을 회복시키고 기침을 잠재우기 위한 약재로 쓰였다.
신경과민, 스트레스, 우울증에도 좋은 음식으로 매실과 연근을 함께 조리면 니코틴 해독작용도 크다.

재료 (4인분)

연근	200g
식초	1큰술
튀김기름	1과1/2큰술
통깨	1작은술
참기름	1/2작은술
후춧가루	약간

매실소스

매실진액	3큰술
간장	3큰술
다시마 우린 물	2큰술
다진 마늘	1작은술
맛술	1큰술

1 연근은 껍질을 벗기고 얇팍하게 저며 썬 뒤 물에 담가 놓는다.
2 식초를 넣고 끓인 물에 1의 연근을 데친 후 찬물에 헹궈 식힌다.
3 깊은 팬에 튀김기름을 두르고 연근을 넣어 볶는다.
4 간장과 다시마 우린 물, 매실진액, 마늘, 맛술을 넣어 조린다.
5 연근에 간장 색이 배면 참기름을 넣어 은근하게 조리고
   통깨와 후춧가루를 뿌려 마무리한다.

 아삭아삭 연근조림

연근을 너무 오래 조리면 아삭한 맛이 나지 않고 물컹물컹하다.
식초를 넣고 끓인 물에 연근을 살짝 데친 후 찬물에 헹궈 조리면
아삭한 맛을 유지할 수 있다.

CHAPTER 04

매실로
격을 높인
일품요리

요리에 설탕 대신 매실을 넣으면 건강한 단 맛을 낼 수 있고 육류나 해물의 잡냄새를 없애 요리가 깔끔하고 담백해진다. 손님 오시는 날, 온 가족이 모인 특별한 날, 매실로 격을 높인 일품요리로 호응 한번 얻어 볼까?

두부채소 매실냉채

식물성 단백질이 풍부한 두부와 소화가 잘되는 매실을 넣은 냉채는 시원한 별미로 그만이다.
두부의 부드러운 질감과 매실청과 매실식초를 넣어 만든 소스가 잘 어우러진 요리.

재료 (4인분)

두부	1/2모
쑥갓	30g
붉은 고추	1개
소금	약간

매실냉채소스

매실청	2큰술
매실식초	1큰술
다진 마늘	1작은술
간장	1큰술
참기름	1작은술
통깨	약간

1 두부는 깨끗이 씻어 사방 1센티미터, 길이 5센티미터의 막대모양으로 썬다.

2 끓는 물에 소금을 약간 넣고 두부를 데친 후 찬물에 담갔다 건져 물기를 뺀다.

3 쑥갓은 짧게 끊어 씻은 후에 건져 물기를 빼고 붉은 고추는 씨를 발라내고 곱게 채 썬다.

4 매실청에 매실식초, 다진 마늘, 간장, 참기름, 통깨를 넣어 매실냉채소스를 만든다.

5 유리그릇에 두부와 쑥갓, 붉은 고추를 담고 4의 매실냉채소스를 뿌려 상에 낸다.

🌿 **부드럽고, 시원하고, 고소한 두부**

두부는 기름에 부치지 말고 끓는 물에 데쳐 익혀야 부드럽게 씹히는 맛이 산다.
두부를 데치고 난 후에 찬 얼음물에 담가 열기를 식히면 더 고소하다.

매실밀쌈 채소말이

비타민C가 풍부한 파프리카는 칼슘과 칼륨이 많아
성장기 아이들에게 좋고 콜레스테롤 수치를 저하시키는 효능도 있다.
밀쌈의 담백함과 매실청소스의 톡 쏘는 산뜻함이 어우러져 깔끔하다.

재료 (4인분)

파프리카 …………… 1개
당근 …………… 1/4개
튀김기름 …………… 약간
밀가루 …………… 5큰술
우유 …………… 2큰술
물 …………… 5큰술
구운 소금 …………… 약간

매실청소스

매실청 …………… 1작은술
매실청 건지 …………… 5개
매실식초 …………… 1/2작은술

1 파프리카는 반을 갈라 씨를 도려내고 길게 채 썬다.

2 당근은 파프리카 길이로 곱게 채 썬다.

3 팬에 튀김기름을 두르고 파프리카와 당근을 넣어 살짝 볶는다.

4 밀가루는 우유와 물을 섞어 소금 간을 약간 하고 반죽해서 체에 곱게 내린다.

5 팬에 튀김기름을 아주 조금만 두르고 직경 6센티미터의 밀쌈을 노릇노릇하게 부친다.

6 매실청 건지를 씨를 빼고 곱게 다져 매실청과 매실식초를 넣어 섞는다.

7 밀쌈에 파프리카와 당근을 조금씩 올린 후 돌돌 말아 매실청소스를 찍어 먹는다.

 화사하고 달콤하게

연하게 볶으면 파프리카와 당근의 질감과 색상이 화사해진다.
구운 소금으로 간을 해야 당근의 단맛이 잘 살아난다.

매실소스 생선뮈니엘

혈액을 맑게 하고 동맥경화 등 성인병을 예방하는 고단백의 흰살생선에
매실과 간장 소스를 입혀 비린 맛은 없애고, 담백 고소한 맛은 살리고~

재료 (4인분)

흰살생선(대구)포 뜬 것	300g
소금 · 흰후춧가루	약간씩
올리브오일	약간
버터	1큰술
밀가루	2큰술
물	3큰술
매실장아찌	4~5개

매실소스

매실청	1큰술
매실주	1큰술
간장	1작은술

1 흰살생선은 포를 얇게 떠서 소금과 흰후춧가루를 뿌려 밑간한다.

2 매실장아찌는 씨를 빼고 과육만 곱게 채 썬다.

3 매실청에 매실주, 간장을 넣고 섞어 소스를 만든다.

4 밑간한 흰살생선에 밀가루를 살짝 입혀 올리브오일을 두른 팬에 지진다.

5 팬에 버터를 녹이고 밀가루를 넣어 갈색이 나도록 볶다가 물을 부어 갠다.

6 5에 매실소스를 넣어서 잘 섞은 후 지져 낸 흰살생선을 넣어 소스를 입힌다.

7 그릇에 담고 매실장아찌 채 썬 것을 올려 낸다.

 밀가루를 묻혀 지지는 요리, 뮈니엘

대구살, 생태살, 가자미살, 도미살 등을 이용해서 만든 뮈니엘은
올리브오일에 깔끔하게 지져야 버터를 넣은 뮈니엘소스를 입힐 때
느끼하지 않고 담백함이 진하게 우러난다.

매실로 재운 닭다리스테이크

닭고기는 다른 육류에 비해 필수 아미노산과 불포화 지방산이 풍부해서 비만인 사람도 부담 없이 먹을 수 있다.
닭다리살에 매실을 더해 맛은 풍부하고 몸은 가벼운 스테이크를 만들어 보자.

재료 (4인분)		매실진액소스	
닭다리살	250g	매실진액	1작은술
튀김기름	약간	매실주	1큰술
마늘	5쪽	간장	1큰술
붉은 고추	1개	다진 마늘	1작은술
		생강즙	1/4작은술
		맛술	1작은술
		참기름	1작은술

1 닭다리는 뼈를 중심으로 살만 발라낸 후 힘줄을 자르며 잔 칼집을 넣는다.
2 매실진액에 매실주, 간장, 마늘, 생강즙, 맛술, 참기름을 넣고 섞어 소스를 만든다.
3 1의 닭다리살에 2의 매실진액소스를 발라 한 장씩 재운다.
4 마늘은 얄팍하게 저며 썰고 붉은 고추는 씨를 빼고 송송 썬다.
5 팬에 튀김기름을 두르고 뜨겁게 달군 후 3의 닭다리살을 한 장씩 굽는다.
6 마늘과 붉은 고추도 구워 고기에 곁들여 낸다.

 부드럽고 연한 스테이크로
닭고기스테이크는 기름기가 적은 부위를 이용해서 만들어야 느끼하지 않고 깔끔하다.
닭다리살의 질긴 힘줄에 칼로 자근자근 칼집을 넣으면 고기를 구웠을 때 부드럽고 연해진다.

매실드레싱 구운 버섯샐러드

영양 많은 버섯에 진한 발사믹식초, 부드러운 매실청을 얹어 깊은 맛을 더한 샐러드.
표고버섯, 새송이버섯, 양송이버섯에는 단백질과 칼슘, 철분, 비타민 등이 풍부하게 들어 있어
몸의 신진대사를 돕는다.

재료 (4인분)

새송이버섯 ····················· 2개
생표고버섯 ····················· 4개
양송이버섯 ····················· 4개
올리브오일 ····················· 2큰술
다진 파슬리가루 ······ 1/4작은술

매실드레싱

매실청 ························· 4큰술
올리브오일 ····················· 2큰술
발사믹식초 ····················· 1큰술
레몬즙 ························· 1큰술
간장 ·························· 1작은술
소금 · 후춧가루 ········· 약간씩

1 새송이버섯은 길게 모양대로 1센티미터 폭으로 저민다.
2 생표고버섯은 밑동을 자르고 1센티미터 폭으로 썰고
  양송이버섯은 갓 부분의 껍질을 벗기고 반으로 가른다.
3 볼에 새송이버섯과 생표고버섯, 양송이버섯을 담고
  다진 파슬리가루와 올리브오일을 뿌려 잠시 재운다.
4 매실드레싱 재료를 분량대로 넣고 섞는다.
5 팬에 3의 버섯을 노릇하게 구워 접시에 담고 매실드레싱을 듬뿍 뿌려 낸다.

🌿 **올리브오일로 미리 촉촉하게**
버섯을 구울 때 올리브오일과 다진 파슬리가루를 먼저 뿌려
오일이 잘 스며들도록 한 뒤 구워야 버섯의 속까지 말끔하게 드레싱이 스며든다.

🌿 **발사믹식초(Balsamic Vinegar)**
청포도를 나무통에서 발효시켜 만든 이탈리아 전통 식초로
갈색에 가까운 진한 색을 띤다. 10년 이상 숙성시킨 모데나 지방의
발사믹식초(Aceto Balsamico di Modena)를 최고로 친다.

매실양념 닭날개오븐구이

피부에 탄력을 주는 콜라겐이 많은 닭날개와
피부에 윤기를 더하는 매실이 함께 만들어 내는 피부를 위한 선물.

재료 (4인분)

닭날개	8개
마늘종	3줄
당근	1/4개
매실청	2큰술
소금 · 후춧가루	약간씩
올리브오일	약간

구이 양념장

매실청	2큰술
간장	1큰술
레몬즙	1큰술
마른 홍고추	2개
채 썬 마늘	1큰술

1 닭날개는 깨끗하게 씻어 안쪽에 칼집을 넣는다.

2 1의 닭날개에 매실청, 소금, 후춧가루, 올리브오일을 뿌리고 잠시 재운다.

3 마늘종은 7센티미터 길이로 썰고 당근은 곱게 채 썰어 찬물에 담가 싱싱하게 한다.

4 구이 양념장 재료를 분량대로 넣고 섞는다.

5 팬에 기름을 두르고 닭날개를 놓고 앞뒤로 노릇하게 굽는다.

6 닭날개가 거의 익으면 구이 양념장을 붓고 약한 불에서 조리듯이 익힌다. 마늘종을 넣어 함께 익힌다.

7 채 썬 당근을 접시에 깔고 닭날개와 마늘종을 곁들여 동그랗게 담아낸다.

🌿 **촉촉한 오븐구이의 비결은 매실청과 올리브오일**

닭날개에 매실청을 뿌려 밑간하면 닭의 비린 맛과 누린내를 없애 주고
올리브오일을 함께 뿌려 재우면 살이 연해진다.

매실해물마리네

타우린과 단백질이 풍부한 오징어, 새우, 조개 등은 산성식품이라 영양가가 높다.
올리브오일에 살짝 절여서 즐기는 해물마리네를 알칼리성식품 매실로 조리하여
맛은 순해지고 영양은 더 풍부하게 즐겨 보자.

재료 (4인분)

오징어	1마리
칵테일새우	30g
조개	100g
방울토마토	4개
치커리	30g
매실청 건지	5개
민트잎	4장
파프리카	1/2개
매실청	4큰술
레몬즙	1과1/2큰술
레몬식초	1큰술
올리브오일	3큰술
소금 · 후춧가루	약간씩

1 오징어는 다듬어 씻어 먹기 좋은 크기로 썬다.
   칵테일 새우는 소금물에 헹궈 건진다.
2 조개는 옅은 소금물에 해감을 시킨 후 물에 헹궈 건져 체에 밭친다.
3 방울토마토는 씻어 꼭지를 떼고, 치커리는 씻어 물기를 털고 적당하게 찢는다.
   매실청 건지는 씨를 발라내고 과육만 굵게 채 썬다.
4 민트 잎은 씻어 잘게 채 썰고, 파프리카는 반을 갈라 씨를 도려내고 굵게 채 썬다.
5 냄비에 조개, 오징어, 새우를 담고 매실청을 붓고 뚜껑을 덮어 중간 불에서 끓인다.
   조개가 입을 벌리면 체에 걸러 물을 따로 받는다.
6 5의 조개 삶은 국물에 레몬즙과 레몬식초, 올리브오일을 넣고
   거품기로 충분히 섞어 마리네소스를 만든다.
7 해물을 볼에 담고 매실청 건지, 민트, 치커리, 파프리카, 토마토,
   6의 마리네소스를 붓고 소금, 후춧가루로 간을 해서 버무린다.

 매실청으로 살짝 익히는 해물
해물을 담은 냄비에 물 없이 매실청을 넣어 중간 불에서 끓여 주면
해물의 비린 맛이 사라지고 부드러워진다.

신선채소 매실겉절이

액젓이나 간장, 설탕 없이 매실청으로 버무려 배추와 파프리카의 단맛이 더욱 잘 우러나는 깔끔한 겉절이.
차게 먹으면 아삭한 질감이 잘 살아난다.

재료 (4인분)		매실 양념장	
솎음배추	1/2포기	매실청	3큰술
치커리	30g	고운 고춧가루	1큰술
파프리카	1/2개	다진 파	1큰술
양파	1/4개	다진 마늘	1작은술
소금	약간	식초	1큰술
		소금	약간

1 솎음배추는 한 잎씩 떼어 소금물에 헹궈 건져 물기를 털고 손으로 적당하게 찢는다.

2 치커리는 손으로 뜯어 찬물에 담가 싱싱하게 한다.

3 파프리카와 양파는 곱게 채 썬다.

4 고운 고춧가루에 매실청을 넣어 갠 후 다진 마늘, 다진 파, 식초, 소금을 넣고 고루 섞어 양념장을 만든다.

5 볼에 솎음배추를 담고 4의 양념장으로 버무려 색이 나면 나머지 야채를 모두 넣어 버무린다.

 숨이 죽기 전에 생생하게

매실 양념장으로 버무린 겉절이는 익혀 먹기보다 무쳐서 바로 먹어야 맛있다.

매실청 강된장과 양배추숙쌈

성인병 예방과 항암효과가 있는 최고의 전통 발효식품 된장에
매실청을 넣어 텁텁한 맛은 잡고 감칠맛을 더한다.

1 양배추는 한 장씩 떼어서 굵은 심지를 도려내고 찜기에서 찐 다음
　 탄력이 유지되도록 찬물에 담갔다 물기를 닦는다.

2 뜨거운 밥에 참기름과 약간의 소금을 넣고 버무려 한 김 식힌다.

3 된장에 매실청을 넣어 버무려 놓는다.
　 쌀뜨물을 끓인 후 버무린 된장을 넣고 멍울 없이 푼다.

4 3에 굵게 다진 양파와 청양고추, 붉은 고추, 대파를 넣어 바특하게 한소끔 끓인다.

5 익힌 양배추는 사방 8센티미터 정도의 크기로 도마에 펼치고 밥을 한 수저씩 올려
　 양쪽을 아물리고 감싸 매실청 강된장과 함께 곁들여 낸다.

🌿 된장을 제대로 끓이려면

집된장은 숙성기간이 오래되어 깊은 맛이 나지만 짠맛이 강하다.
시판된장은 숙성기간이 짧고 콩의 모양이 그대로 살아 있으면서 단맛이 있다.
집된장으로 국이나 찌개를 끓일 때는 처음부터 풀어서 끓여야 제 맛이 나고
시판된장으로 끓일 때는 재료가 익고 난 후에 넣고 한소끔만 끓여야
텁텁하고 쓴맛이 나지 않는다.

재료 (4인분)		매실드레싱	
오징어	1마리	매실청	4큰술
양파	1/2개	매실주	1작은술
당근	30g	올리브오일	2큰술
양배추	2장	간장	1작은술
적채	1장	레몬식초	1큰술
소금	약간	소금	약간
매실주	1큰술		

1 오징어는 배를 가르지 않은 채 내장과 먹물을 뺀 후 소금물에 헹궈 건져 물기를 뺀다.

2 오징어 몸통은 0.5센티미터 두께로 동그랗게 썰고 다리는 5센티미터 길이로 썬다.

3 양파와 당근은 곱게 채 썰어 물에 담근다.

4 양배추와 적채도 곱게 채 썰어 찬물에 담가 싱싱하게 한다.

5 매실청에 매실주, 올리브오일, 간장, 레몬식초, 소금을 넣어 고루 섞어 매실드레싱을 만든다.

6 끓는 물에 매실주를 1큰술 넣고 오징어를 데친 후 찬물에 헹궈 건져 물기를 턴다.

7 접시에 양파와 양배추, 적채, 당근을 섞어 담고 오징어를 올린 후에 미리 만들어 놓은 매실드레싱을 듬뿍 뿌려 낸다.

🍃 매실주로 탄력 받은 오징어살

통째로 데친 오징어는 식었을 때 탄력이 없어지는데
썰어서 매실주를 넣어 데치면 탄력이 살아 있고 쫄깃한 질감이 그대로 유지된다.

매실드레싱 오징어양파샐러드

오징어에는 단백질과 타우린이 풍부하게 들어 있어 빈혈이나 갱년기 현상을 막아 주고
생리불순에도 효과가 좋다. 간장과 매실청을 넣은 매실드레싱은 여러 샐러드에 활용할 수 있다.

매실수확체험에 다녀오다

매년 6월이 오면 매화꽃이 떨어진 자리에 귀한 열매가 열리고 농부의 마음이 바빠진다. 평소에는 피로 회복제로 쓰이고, 배가 아플 땐 천연 소화제 역할까지 든든하게 해 내는 매실을 수확해야 하기 때문이다. 매실음료와 매실장아찌, 매실주 등 매실을 활용하여 만들 수 있는 레시피는 다양하다. 이들 매실가공품은 시장에 가면 구할 수 있는 것이지만 직접 매실을 따서 만드는 것도 좋은 경험이 될 것 같아 청매실농원의 매실수확체험 현장에 다녀왔다.

전라남도 광양 매화마을에 위치한 청매실농원의 매실수확체험은 벌써 9년째 계속되고 있다. 매년 이맘때면 온가족이 함께 매실을 따러 오는 사람들로 붐빈다. 이 체험은 무농약으로 재배한 매실을 따는 것부터 시작해 매실주, 매실청, 매실간장 피클을 만드는데, 손수 딴 매실과 음식들은 집으로 가지고 갈 수 있다.

"저희 청매실농원에서는 '밥상이 약상이 되라'는 홍쌍리 선생님의 신념을 실천하고, 몸에 좋은 매실 음식으로 다 같이 건강해지기를 바라는 마음에서 매년 매실체험을 하고 있어요. 매실체험은 수확, 세척과 선별, 담그기 과정으로 이루어지는데, 오늘 일정이 끝나고 나면 유기농 매실의 중요성과 매실의 효용 및 음용 방법에 대해 알 수 있을 거예요."

매실수확체험 행사의 의미와 과정에 대한 설명이 끝나자 푸짐한 밥상이 들어왔다. 새벽부터 자동차를 타고 5시간을 달려온 터라 밥상을 보자 군침이 돌았다. 멸치육수로 맛을 낸 된장국과 매콤한 제육볶음, 직접 기른 쌈과 매실장아찌로 차려졌는데 섬진강이 내려다보이는 이곳에서 먹으니 입안에서 살살 녹는다. 아이들도 평소에는 야채를 싫어할 텐데 여럿이 같이 먹어서인지 볼에 쌈이 한 가득이다.

농장에서 매실따기와 다듬기

밥을 먹고 나서 본격적으로 매실을 따러 매화동산에 갔다. 동글동글하고 흠집 없는 매실로 골라 따야 하는데 아이들이 더 신났다. 어찌나 잘 따는지 한 소쿠리 따서 체험장으로 다시 돌아오는데 1시간도 채 걸리지 않았다.

이제 매실농장에서 따온 매실로 매실청, 매실 간장피클, 매실주 세 가지를 만들 차례. 과일 중에서 유독 껍질이 얇은 매실은 세척과정이 중요하며, 특히 고추장장아찌나 절임에 사용되는 매실은 알이 굵고 상처가 없는 최상의 매실을 사용해야 한다고 한다.

매실을 깨끗하게 씻은 후 따온 매실 중에서 좋은 것을 골라내고 매실 꼭지를 이쑤시개로 따는 작업을 했다. 그러는 동안 이번 체험을 진행한 담당자는 매실의 유래와 매실의 효능, 다양한 매실 레시피를 설명해 주었다. 엄마들은 진행자가 하는 말을 하나라도 놓칠세라 가져온 노트에 볼펜으로 빼곡히 적어 내리고 아이와 아빠들은 이쑤시개로 매실꼭지를 따는데 그 모습이 마냥 귀엽기만 하다.

매실청, 매실주, 매실절임 만들기

다듬은 매실은 세 개로 나눠 매실청과 매실주, 매실간장피클을 만들었다. 많은 가족이 한 곳에 모여 산만해질 법한데도 직접 만든 매실음식들을 집으로 가지고 갈 생각을 해서인지 온 가족이 힘을 합쳐 열심이다. 엄마아빠가 매실주나 매실청을 만드는 동안 아이들은 밖에 나가 네잎클로버를 찾기도 하고 주방 아주머니들이 준비해 온 재료로 매실주먹밥을 만들기도 했다. 아이들이 만든 매실주먹밥을 다 같이 나눠 먹었는데 매실의 새콤한 향미가 입안을 감돌았다.

주먹밥을 만들 때 매실과육을 잘게 썰어 함께

넣으면 아무리 무더운 여름날에도 잘 쉬지 않는다고 한다. 매실의 해독 작용 때문에 그렇다는데 고기나 회를 먹을 때도 매실을 서너 조각 먹으면 소화에도 도움이 되고 식중독도 예방된단다. 여름철 잊지 말아야 할 건강비법인 듯 싶다.

매 실 청

1. 알이 굵은 청매를 골라 물에 씻어 물기를 뺀다.
2. 청매실과 설탕의 비율을 1:1로 고루 섞은 다음 용기에 넣는다.
3. 용기에 넣은 청매실에 설탕 1킬로그램으로 설탕 마개를 만든 다음 잘 밀봉하여 서늘한 곳에 보관한다.
4. 약 3개월 정도 지난 뒤 육안으로 보았을 때 과육에 수분이 빠져 쪼글쪼글해지면 매실을 건져낸다.

매 실 주

1. 흠집이 없고 과육이 단단한 청매나 황매로 담는다. 매실 1킬로그램에 소주 3.6리터가 필요하다.
2. 매실을 깨끗이 씻어 물기를 완전히 뺀 다음 유리병이나 항아리에 담는다.
3. 소주를 붓고 감초 세 잎 정도를 넣어 준다. 밀봉해 3개월 이상 둔 다음 마신다. 1년 이상 숙성시켜야 제 맛을 즐길 수 있다.

짧은 시간이었지만 이번 매실체험을 통해 매실의 다양한 효능을 알게 되었고 특히 신맛을 싫어하는 아이들이 직접 체험을 통해 음식을 만들면서 건강한 음식을 먹도록 유도할 수 있어 좋았다. 또 온가족이 협동할 수 있는 계기도 되니 일석삼조가 아닐 수 없다. 내년에는 3월 봄, 매화꽃이 활짝 필 때 와야겠다.

청매실농원 | www.maesil.co.kr | 061-772-4066

CHAPTER 05

매실로
솜씨 부리는
건강간식

인스턴트식품이나 패스트푸드에 입맛이 길들
여져 음식 본연의 맛을 느끼지 못하는 아이들
이 늘어났다. 매실을 동원해서 준비한 간식으
로 아이들 입맛을 건강하게 지켜내자.

매실고추장장아찌 김밥

매실을 고추장에 절여 만든 장아찌는 젖산을 분해하는 구연산이 풍부하게 들어 있어
피로를 풀어 주고 뼈를 부드럽게 하고 칼슘이 빠져 나가지 않도록 도와준다.
매실고추장장아찌로 간단하게 싼 김밥은 상큼한 맛에 간도 알맞은 간편 간식이다.

재료 (4인분)

매실고추장장아찌	50g
참기름	1큰술
깨소금	1큰술
달걀	2개
오이	1/2개
구운 김	2장
밥	2공기
소금	약간
튀김기름	약간

1 매실고추장장아찌는 고추장 양념을 훑어 내고 잘게 채 썬다.

2 채 썬 1의 장아찌에 참기름과 깨소금을 넣어 조물조물 무친다.

3 달걀은 알끈을 제거하고 곱게 풀어 기름을 두른 팬에
도톰하게 지단을 부친 후 한 김 식혀 1센티미터 폭으로 길게 썬다.

4 오이는 나무젓가락 굵기로 길게 썰어 소금을 살짝 뿌린 후
물기를 제거하고 팬에 기름을 두르고 살짝 볶는다.

5 구운 김을 도마에 올리고 밥을 평편하게 깐 후
오이와 달걀, 매실고추장장아찌를 길게 올리고 돌돌 말아 한 입 크기로 썬다.

 달걀말이 김밥으로도

매실장아찌를 넣어 만든 김밥이 남았다면 프라이팬에 구워 먹어 보자.
달걀 푼 물에 카레가루를 섞어 카레의 향이 올라오면 매실장아찌 김밥을 한 개씩 담가 반죽을 듬뿍 입힌 후
팬에서 노릇하게 부친다. 아삭하게 씹히는 매실장아찌의 새콤한 맛과 달걀, 카레가루가 궁합이 잘 맞는다.

재료 (4인분)

매실장아찌	12개
깻잎	8장
구운 김	2장
밥	2공기
참기름	1작은술
깨소금	1큰술
검은깨	1큰술
소금	약간
설탕	1작은술

1 매실장아찌는 씨를 빼고 과육만 곱게 채 썬다.

2 깻잎은 씻어서 3센티미터 길이로 곱게 채 썰어
  찬 얼음물에 담갔다 건진 후 키친타월로 눌러 물기를 없앤다.

3 불에 바로 구운 김은 비닐에 넣어 잘게 부순다.

4 뜨거운 밥에 참기름과 깨소금, 검은깨, 소금, 설탕을 넣어
  주걱으로 자르듯이 버무린다.

5 4에 깻잎과 채 썬 장아찌와 구운 김을 넣어 함께 버무린다.

6 반죽한 밥을 한 수저씩 손에 올려 먹기 좋은 크기로 만든 다음
  그릇에 담고 주먹밥 위에 채 썬 과육을 모양내서 올린다.

 아삭하고 고소한 주먹밥

매실장아찌는 되도록 아삭하고 쫄깃한 것을 준비해서 다져야
밥과 비볐을 때 아삭하게 씹히는 맛이 살아 있다.
깻잎과 검은깨를 넣으면 고소해서 입안의 풍미를 더해 준다.

다진 매실 김주먹밥

소금에 숙성시킨 매실장아찌는 과육의 쫄깃한 맛이 아주 일품이다.
입안의 구취를 없애는 효능도 있다. 김의 고소한 맛은 매실장아찌의 짠맛을 줄여 준다.
아침이나 간식 시간에 뚝딱 만들어 보자.

매실잼 치즈롤 샌드위치

매실잼이 들어 있는 동글동글한 치즈롤.
부드러운 단맛에, 깜찍한 모양이 한 입에 쏘옥 넣기 편해 아이들에게 인기다.

재료 (4인분)

매실잼 ························· 3큰술
매실청 ························· 1작은술
식빵 ···························· 6장
유기농 슬라이스 체다 치즈 ······· 3장

1 매실잼에 매실청을 섞어서 부드럽게 만든다.

2 식빵은 가장자리를 잘라내고 도마에 한 장씩 올려놓는다.

3 유기농 슬라이스 체다 치즈는 이등분한다.

4 2의 식빵 한쪽 면에 1의 잼을 얇게 펴 바르고 치즈를 올려 돌돌 말아 준다.

5 4의 롤을 감싸 쥐고 펼쳐지지 않게 잡은 후 먹기 좋은 길이로 썰어 예쁘게 담아낸다.

 샌드위치롤 예쁘게 마는 방법

식빵으로 만든 샌드위치롤은 밀대로 살짝 민 뒤 말면 돌돌 잘 말린다.
식빵이 뻣뻣하면 물기를 꼭 짠 거즈를 덮어 약간의 수분을 준 다음에 말아야
찢어지지 않고 예쁘게 말 수 있다.

재료 (4인분)

매실진액 ················· 1/4컵
꿀 ·························· 1큰술
두부 ························ 1/2모
박력분 ····················· 1/2컵
베이킹파우더 ··· 1/4작은술
달걀 ························· 1개
우유 ························· 1컵
계피가루 ·············· 1작은술
소금 ························· 약간
버터 ··················· 1작은술

1 냄비에 매실진액과 꿀을 넣고 은근하게 조려 주르륵 흘러내릴 정도의 매실엿을 만든다.

2 두부를 으깬 후 면보자기에 싸서 물기를 꼭 짜고 박력분과 베이킹파우더를 섞어 놓는다.

3 달걀은 알끈을 제거하고 거품을 낸다.

4 2의 두부에 달걀과 우유, 계피가루를 넣어 소금으로 약간의 간을 해서 반죽한다.

5 4의 반죽을 적당한 크기로 잘라 버터를 바른 오븐 팬에 올리고 미리 예열한 180도의 오븐에서 15분 정도 굽는다.

6 구운 두부과자를 매실엿에 버무려 꼬치에 찔러 먹는다.

 바삭바삭하게 구우려면
두부반죽은 질지 않고 약간 걸쭉한 느낌이 있어야 과자로 구웠을 때 바삭하게 씹는 질감이 산다.
두부반죽이 질어지지 않게 달걀흰자의 양은 조절하면서 넣는다.

매실엿으로 버무린 두부과자

담백하고 고소한 맛에 바삭바삭 씹히는 두부과자.
매실진액으로 엿을 만들어 달콤함도 버무린다.

매실청에 조린 오렌지마멀레이드

매실은 다른 과일에 비해 칼슘 함유량이 많아 뼈를 튼튼하게 해 주고 성장을 돕는다.
비타민C가 풍부한 오렌지와 함께 마멀레이드를 만들어 두면 잼처럼 요긴하게 쓸 수 있다.

재료 (4인분)

오렌지	2개
소금 · 식초	약간씩
매실청	5큰술
매실잼	2큰술

1 오렌지는 소금물에 씻어 겉면에 있는 이물질을 완전히 없앤다.

2 오렌지 껍질을 벗겨 식초를 한 방울 떨어뜨려 헹궈 건진 후 안쪽 흰 부분은 도려내고 겉껍질만 곱게 채 썬다.

3 오렌지 과육은 세로로 4등분하고 가로로 얄팍하게 저민다.

4 냄비에 오렌지 과육과 오렌지 껍질 채를 담고 매실청과 매실잼을 넣어 약한 불에서 은근하게 조린다.

5 수분이 없이 바싹 조려진 오렌지마멀레이드를 비스킷, 베이글, 바게트 등에 발라 먹는다.

🍃 **오렌지 손질은 꼼꼼하게**

소금과 식초를 푼 물로 오렌지 껍질의 농약과 왁스를 말끔하게 닦고 만든다.

오렌지 과육을 넣을 때에는 속껍질까지 완전히 벗겨 넣어야 마멀레이드가 부드럽게 만들어진다.

매실잼 미니카나페

잠시도 쉬지 않고 움직이는 아이들.
매실은 구연산이 풍부해 아이들 몸에 쌓인 피로를 쉽게 풀어 주고 몸에 활력을 준다.

재료 (4인분)

매실잼	5큰술
저염 크래커	20개
유기농 슬라이스 체다 치즈	4장
올리브	5개
포도	10알
오렌지	1/2개

1 저염 크래커에 매실잼을 한쪽 면만 도톰하게 바른다.
2 유기농 슬라이스 체다 치즈는 삼각형이 되도록 대각선으로 4등분한다.
3 올리브는 통조림으로 준비해서 얄팍하게 썰고, 포도는 알알이 씻어
   반으로 갈라 씨를 뺀다. 오렌지는 과육만 발라내 작은 크기로 자른다.
4 매실잼을 바른 크래커에 치즈, 오렌지, 포도, 올리브를 켜켜로 올려 완성한다.

 매실잼을 바를 때
매실잼을 덜 때는 침이나 물이 묻지 않은 나무 수저를 사용한다.

다진 매실 미니머핀

설탕 대신 잘 숙성된 매실잼과 매실청을 넣어 구운 미니머핀은
달지 않아 더 고소하고 담백하다.

재료 (4인분)

매실잼	2큰술
매실청	3큰술
박력분	250g
베이킹파우더	12g
소금	1/2작은술
달걀	2개
우유	100cc
계피가루	1/2작은술
버터	60g
초콜릿	30g

1 박력분과 베이킹파우더, 계피가루, 소금을 한데 넣고 체에 두 번 정도 친다.

2 달걀은 거의 흰색이 날 때까지 거품을 낸 후 우유를 넣고 잘 섞는다.

3 체를 친 가루에 달걀거품을 넣고 주걱을 세워 자르듯이 섞는다.

4 3에 녹인 버터와 매실잼, 매실청을 넣고 잘 섞는다.

5 머핀 팬에 베이킹 컵을 깔고 반죽을 2/3컵씩 부은 위에
  초콜릿을 적당하게 잘라 올리고 180도로 예열된 오븐에서 20분 정도 굽는다.

🍃 **버터는 충분히 녹여서**
버터와 매실잼, 매실청을 섞을 때
버터를 묽게 중탕으로 녹인 다음
섞어야 반죽이 잘된다.

매실청 견과류설기

꼬들꼬들하게 씹히는 매실청 건지가 색다른 설기.
견과류를 더해 한 끼 식사로도 든든하다.

재료 (4인분)

매실진액	1큰술
매실청 건지	4개
쌀가루	2컵
흑설탕	2큰술
종이컵	4개
자른 호두·잣	약간씩
구운 소금	약간

1 백설기용 쌀가루를 방앗간에서 빻아 와 구운 소금을 약간 넣고 체에 내린다.

2 1의 쌀가루에 매실진액을 넣어 손으로 비벼 가면서 체에 내린다.

3 매실청 건지는 씨를 빼고 살만 발라내 잘게 다진다.

4 2의 쌀가루에 흑설탕을 가볍게 섞어 3의 매실청 건지를 버무린다.

5 종이컵의 바닥을 동그랗게 잘라 준비한다.

6 면보자기를 깐 찜통에 올린 후 컵의 7부 정도로 쌀가루 반죽을 붓고,
그 위에 견과류를 고루 올린다.

7 찜통 뚜껑을 덮어 20분 정도 촉촉하게 찐다.

 종이컵 활용

종이컵에 설기를 찌면 찐 떡을 꺼내기도 편하고 핑거 푸드로 먹기에도 간편하다.

매실못난이쿠키

앙증맞게 구운 못난이쿠키는 한 입에 먹기 쉽고,
부스러기도 남지 않는 깔끔한 간식.

재료 (4인분)

매실잼	2큰술
매실정과	6개
박력분	1과1/2컵
베이킹파우더	1작은술
버터	1/3컵
흑설탕	1/4컵
달걀노른자	1개
소금	약간

1 밀가루는 박력분으로 준비해서 베이킹파우더와 소금을 약간 넣어 체에 두 번 내린다.

2 버터에 설탕을 반만 넣어 거품기로 젓다가 달걀노른자를 반만 넣고 고루 섞는다.

3 2에 나머지 설탕과 달걀노른자. 매실잼을 넣어 거품기로 충분히 젓는다.

4 3에 1의 박력분을 가볍게 섞어 쿠키 반죽을 만든다.

   만들어 놓은 쿠키 반죽을 작은 완자 모양으로 둥글게 떼어 버터를 바른 오븐 팬에 놓는다.

5 쿠키 반죽 가운데에 매실정과를 한 개씩 올리고 가운데를 꾹 눌러 준다.

6 180도로 예열한 오븐에 5를 넣고 10분 정도 노릇하게 굽는다.

 오븐 예열 잊지 말기!

오븐에 쿠키 반죽을 떼 넣는 동안 미리 오븐을 예열시켜야 구웠을 때 쿠키가 바삭바삭 고소하다.

CHAPTER 06

매실로
분위기 내는
음료와 차

매실로 만든 음료와 차는 소화를 돕고 입맛을 깔끔하게 해 주어 후식에 이용하면 식사를 개운하게 마무리할 수 있다. 쉽게 구할 수 있는 재료에 매실을 더하여 특별한 식사, 오붓한 시간으로 기억되게 해 보자.

매실비타민화채

매실과 과일의 비타민과 유기산을 듬뿍 모은 비타민 음료.
생매실은 먹을 수 없지만 좋아하는 과일에 매실 향을 우려 즐길 수 있다.

재료 (4인분)

매실청	3큰술
매실주	1큰술
참외	1개
오렌지	1개
사과	1/2개
꿀	2큰술
생수	1컵

1 생수를 따뜻하게 데워 꿀을 넣어 잘 녹인 후 차게 식힌다.
2 1에 매실주를 넣고 고루 섞어 냉장고에 차게 둔다.
3 오렌지는 껍질을 벗기고 과육만 준비한다.
4 참외와 사과는 씨를 도려내고 모양 틀로 찍는다.
5 매실청을 4의 과일에 뿌려 잠시 냉장고에 넣어 재운다.
6 볼에 2의 매실시럽을 붓고 찬 과일을 띄워 낸다.

🍃 **과일의 향과 맛을 더욱 진하게**

화채 국물을 만들 때 매실청과 매실주를 넣으면 새콤하고 톡 쏘는 맛이 살아나 과일의 향과 맛을 더욱 진하게 해 준다.
화채 시럽은 미리 만들어 냉장고에서 차게 식혀 둔다.

매실냉차

차가운 매실청과 아삭아삭 씹히는 매실 과육이 수분과 에너지를 공급해 주고
더위를 싹 잊게 한다.

1 얼음용기에 매실청을 붓고 얼려 둔다.
2 매실청 건지는 씨를 빼서 곱게 채 썬다.
3 매실청에 매실청 건지를 넣고 생수를 부어 냉장고에서 차게 식힌다.
4 찬 유리잔에 3의 매실냉차를 붓는다.
5 1의 얼린 매실청을 띄워 낸다.

재료 (4인분)
매실청 ·························· 5큰술
매실청 건지 ···················· 2개
매실청으로 얼린 얼음 ······ 3조각
생수 ·························· 2컵

🌿 매실청을 오래 보관하려면
매실청은 밀봉을 잘 해야 맛이 변하
지 않고 쉽게 침전물이 생기지 않는
다. 매실청을 덜 때에는 스테인리스
수저나 침을 묻힌 수저를 쓰지 않도
록 한다.

매실셰이크

설탕 시럽에 비해 단맛이 덜한 매실셰이크.
아이스크림과 시나몬가루로 부드러움과 향을 더해 은은하게 즐길 수 있다.

1 믹서에 매실청과 우유, 얼음을 붓고 곱게 갈아 잔에 따른다.
2 바닐라 아이스크림을 듬뿍 떠 1에 담는다.
3 시나몬가루를 뿌려 낸다.

재료 (4인분)

매실청	5큰술
우유	2컵
얼음	3조각
바닐라 아이스크림	1큰술
시나몬가루	1/2작은술

🌿 **아이스크림은 단단하게**
바닐라 아이스크림은 단단하게 잘
얼린 것으로 올려야 셰이크를 마
시는 내내 차갑게 즐길 수 있다.
미리 아이스크림 모양을 만들어
얼려 놓으면 쉽게 녹지 않는다.

107

매실청 애플주스

매실과 사과의 궁합은 과연 최고!
갓 짜낸 사과즙에 매실청을 더하여 온 몸을 개운하게 해 주는 과일주스.

재료 (4인분)

사과	1개
매실청	5큰술
생수	2컵
탄산수(사이다)	1컵
얼음	약간
대추	1개
레몬즙	1/2작은술

1 사과는 깨끗하게 씻어 8등분한 후 씨를 빼고 껍질을 벗긴다.

2 믹서에 사과를 넣고 곱게 갈아 베보자기로 짜서 즙만 받고 레몬즙을 뿌려 갈변 현상을 막는다.

3 생수에 탄산수와 매실청을 탄 후 2의 사과즙과 얼음을 넣고 믹서에 다시 한 번 곱게 갈아 잔에 따른다.

4 대추를 곱게 채 썰어 띄워 낸다.

 갈변되지 않게 조심

사과즙을 미리 내어 놓으면 갈색으로 변해 먹음직스럽지 않다.
미리 갈아 놓았다면 살얼음이 지도록 냉동실에 넣어 두는 것도 한 방법이다.

재료 (4인분)

설탕	6큰술
물	3컵
매실청	4큰술
매실주	2큰술
레몬	1개
얼음	약간

1 냄비에 물과 설탕을 함께 넣고 끓여 설탕 시럽을 만든다.

2 시럽을 차게 식혀 매실청과 매실주를 넣어 섞는다.

3 레몬은 깨끗하게 씻어 물기를 닦고 얇게 썬다.

4 2의 음료를 컵에 붓고 3의 레몬과 얼음을 넣어 낸다.

※ 레몬의 신맛을 줄이려면 과육은 두고 레몬 껍질을 가늘게 채 썰어 같은 방법으로 만든다.

설탕 대신 매실청으로

설탕의 단맛을 싫어하는 사람은 매실청의 양을 조금 더 늘려서 레모네이드를 만들어도 좋다. 매실진액을 넣어도 된다.

매실레모네이드

시큼한 레몬의 맛을 매실의 부드러운 단맛으로 감싼 매실레모네이드.
운동, 등산 후의 체력 보충용으로도 딱이다.

매실키위펀치

매실주에 키위를 넣어 상큼하게 마실 수 있는 펀치.
키위는 단백질 분해 효소가 많이 들어 있고 지방을 배출시켜 성인병 예방에 좋다.

재료 (4인분)

키위	1개
매실청	2큰술
매실주	1큰술
설탕	4큰술
물	2컵
애플민트 잎	2~3개
얼음	약간

1 냄비에 물과 설탕을 붓고 팔팔 끓여 설탕 시럽을 만든 후 차게 식힌다.

2 키위는 껍질을 벗기고 얇게 저민다.

3 1의 식힌 설탕 시럽에 매실청, 매실주, 애플민트를 넣어 저은 뒤 냉장고에 넣어 차게 식힌다.

4 먹기 직전에 3의 펀치를 컵에 담고 키위와 얼음을 띄운다.

 허브로 업그레이드

박하향이 나는 페퍼민트나 애플민트 등을 넣어 주면 펀치의 맛이 더욱 싸하고 상큼해진다.

집에서 기른 허브를 깨끗이 씻어 모양을 내는 것도 재밌는 방법.

매실인삼차

불로장생의 대표인 인삼은 매실과 궁합이 아주 잘 맞는다.
꿀이나 설탕 대신 매실청을 넣어 쌉쌀한 쓴맛을 줄이고 인삼의 효능은 높인다.

1 인삼과 대추를 말끔하게 씻어 물기를 닦는다.
2 인삼을 적당하게 썰어 대추와 함께 냄비에 넣고 물을 부어 은근하게 40분 정도 끓인다.
3 인삼의 향이 올라오면 찻잔에 붓고 매실청을 듬뿍 넣어 진하게 마신다.

재료 (4인분)
매실청 ···························· 3큰술
인삼 ······························· 1채
대추 ······························· 4알
물 ································· 3컵

🍃 **시간도 절약, 에너지도 절약**
인삼을 통째로 넣고 끓이면 시간
도 오래 걸리고 번거롭다. 얄팍하
게 저민 상태로 대추와 함께 넣어
끓이는 것이 좋다.

매실생강계피차

은은한 맛과 향이 깊어 차와 음료로 즐기는 생강.
열을 내는 성질이 있으니 매실을 더해 열성을 내려 균형을 맞춘다.
흥분하거나 스트레스가 쌓일 때 마시면 마음이 편안하다.

1 생강은 깨끗하게 씻어 얄팍하게 저민다.
2 계피는 깨끗하게 씻어 작게 자른다.
3 냄비에 생수를 붓고 생강과 계피를 넣어 40분 정도 약한 불에서 은근하게 끓인다.
4 말린 대추는 돌려 깎고 돌돌 만 후 얄팍하게 저며 모양을 만든다.
5 뜨거운 찻잔에 생강 계피차를 따르고 매실청을 듬뿍 넣어 녹인 후에 말린 대추 고명을 얹는다.

재료 (4인분)

매실청	5큰술
생강	2톨
계피	10g
대추	1개
생수	4컵

 약한 불에서 은근하게
생강과 계피는 약한 불에서 오래
끓여야 진한 맛이 우러나 약효가
빠르다. 중간 불에서 5분, 약한
불에서 35분 정도가 적당하다.

매실진피수삼 쿨주스

땀을 많이 흘리는 사람, 체력이 급격하게 저하되는 사람에게 좋은 주스.
향이 좋은 진피와 영양이 듬뿍 들어 있는 수삼은 매실청과 특히 잘 어우러진다.
차갑게 마시면 더 맛있다.

1 수삼은 흙을 털어 내고 씻은 후 잘게 썬다.
2 믹서에 매실청과 수삼, 얼음, 생수, 진피를 붓고 곱게 두 번 간다.
3 차가운 유리컵에 2의 주스를 부어 차게 낸다.

재료 (4인분)
매실청 ················ 5큰술
수삼 ················ 1뿌리
진피 ················ 10g
얼음 ················ 3조각
생수 ················ 2컵

🍃 **진피는 매실청에 불려서**
진피는 마른 상태로는 잘 갈리
지 않으니 깨끗하게 씻은 후 매
실청에 담가 약간 불린 다음 믹
서에 간다.

매실미숫가루

아침 대용식으로 좋은 미숫가루에 매실청과 매실잼을 타서 마시면
설탕과는 다르게 소화가 잘되고 속이 편안하다.

1 생수를 따뜻하게 데워 매실잼과 매실청을 잘 녹인 후 냉장고에 넣어 차게 식힌다.
2 마시기 직전에 1에 미숫가루를 타서 미숫가루가 불기 전에 마신다.

재료 (4인분)
매실청 ·················· 3큰술
매실잼 ·················· 1큰술
생수 ······················· 2컵
미숫가루 ·············· 3큰술

🍃 **매실청은 따뜻하게 녹이고,**
미숫가루는 시원하게 개고
생수에 미리 매실청과 매실잼
을 넣어 잘 녹인 뒤 차갑게 둔
상태에서 미숫가루를 넣어야
맛있다. 미숫가루는 고운 가루
를 넣어야 제 맛이 나고 부드러
우므로 체에 한번 친 후에 넣는
것이 좋다.

매실홍차

몸을 따끈하게 해 주는 매실 홍차는 몸이 차가운 여성에게 최고.
위염 증세가 있는 사람들은 피한다.

재료 (4인분)

홍차 티백	1개
생수	2컵
매실청	3큰술
오렌지 슬라이스	1/2조각

1 생수를 끓여 한 김 식힌 후에 홍차티백을 우린다.
2 1의 홍차를 뜨거운 잔에 따른다.
3 홍차에 매실청을 타고 오렌지 슬라이스를 띄운다.

 찻물의 온도
홍차는 너무 뜨거운 물에 우리면 떫은맛이 진하게 나므로
한 김 식힌 물에 우리고 매실청을 탄다.

매실녹차

녹차에는 비타민C가 풍부하고 지방 분해 성분이 들어 있어 다이어트에 효과적이다.
다이어트로 나빠질 수 있는 장운동과 체력을 매실청과 매실진액을 더한 차로 회복하자.

재료 (4인분)

매실청 ·················· 3큰술
매실진액 ················ 1큰술
녹찻잎 ··················· 10g
레몬 슬라이스 ········· 2쪽
생수 ······················ 2컵

1 생수를 끓인 후 잠시 식힌다.
2 거름망에 녹찻잎을 담고 1의 끓인 물에 2분 정도 우려 식힌다.
3 식힌 녹차를 잔에 붓고 매실청과 매실진액을 탄다.
4 레몬 슬라이스를 3에 띄워 낸다.

🍃 **녹차를 충분히 우린 후에 매실청과 매실 진액을**···
시판하는 티백 녹차는 두 개 정도 생수에 우린 후에
매실청과 매실진액을 넣어야 녹차의 향이 진하게 우러난다.
잎녹차는 정확한 분량을 넣어야 텁텁하지 않고 떫은맛이 덜하다.

매실청 요구르트

속이 더부룩하거나 장이 좋지 않은 사람에게 좋은 음료.
장운동을 원활하게 해 주어 배변을 돕고 위액의 과다 분비를 막아 준다.

1 매실청 건지는 씨를 빼고 과육만 곱게 다진다.
2 믹서에 요구르트를 붓고 얼음과 매실청을 넣어 곱게 간다.
3 잔에 3의 요구르트를 붓고 매실청 건지 다진 것을 올려 낸다.

재료 (4인분)
매실청 ·················· 3큰술
요구르트 ·················· 2병
얼음 ·················· 5조각
매실청 건지 ·················· 5개

매실청 건지도 영양 좋은 건과일
매실청 건지를 꾸덕꾸덕하게
말려 과일이나 간식 대신 한 두
개 정도 먹으면 훌륭한 영양제
가 된다. 꼭꼭 씹을수록 효과가
좋다.

매실오렌지스무디

비타민C가 풍부한 오렌지는 무기질과 유기산이 많아
피로 회복은 물론 초기 감기도 예방한다.
얼음과 우유로 부드럽고 시원하게 즐겨 보자.

1 오렌지는 소금물로 껍질을 깨끗하게 씻고 물기를 닦는다.
2 오렌지 껍질을 벗기고 속껍질 사이사이의 과육만 V자로 발라낸다.
3 믹서에 오렌지 과육과 우유, 얼음, 매실진액을 넣어 곱게 간다.
4 3의 매실오렌지스무디를 컵에 따르고, 오렌지 껍질을 아주 얇게 채 썰어 위에 올려 낸다.

재료 (4인분)

매실진액	2큰술
오렌지	1개
우유	1컵
얼음	5조각
소금	약간

🌿 **오렌지 손질은 꼼꼼하게**
오렌지는 속껍질까지 깨끗하게
벗기고 과육만 믹서에 갈아야
스무디가 부드럽고 맛있다.

믿고 살 수 있는 친환경 매장

현재 국내 친환경 농산물의 인증은 국립농산물품질관리원에서 '저농약', '무농약', '전환기', '유기농' 네 종류로 구분하여 시행하고 있다. 저농약이란 유기합성농약과 화학비료는 기준 사용량의 2분의 1을 사용하되 제초제는 전혀 사용하지 않고 재배한 것을 말하며, 무농약이란 화학비료는 기준량의 3분의 1을 사용하되 유기합성농약과 제초제를 사용하지 않고 재배한 것을 말한다. 전환기란 무농약 재배를 시작한 후 유기농 인증을 받기 전까지 이행 기간 중 재배한 것을 말하고, 유기농이란 일정 기간 화학비료와 유기합성농약을 사용하지 않고 재배한 것으로 식품첨가물을 넣지 않고 유전자조작 식품이 아닌 것을 말한다. 이러한 상품을 파는 친환경 매장으로는 어떤 곳이 있는지 정리해 보았다.

● 생활협동조합

소비자가 조합원으로 가입하여 함께 운영하는 형태로 일정 출자금과 조합비를 납부해야 이용할 수 있다. 대부분 인터넷으로 주문할 수 있고 일주일에 1회 배송되므로 홈페이지를 참고한다. 곡물, 채소, 과일, 축산물, 장·양념 반찬 등의 기본 품목은 모든 생협이 비슷하지만 가공식품이나 생활용품 등은 생협마다 조금씩 다르다.

한살림
02-3498-3600 www.hansalim.or.kr

한살림은 한 집에서 살림하듯 더불어 살자는 뜻. 가입비와 출자금을 내고 조합원으로 가입하면 제품을 구입할수 있다. 100퍼센트 국내산을 판매하는 것을 원칙으로 한다. 생명, 생태, 공동체를 기치로 한살림 운동을 전개한다.

- **매장** 서울·경기 50곳, 기타 지역 60곳
- **방법** 지역생협 조합원으로 가입한 뒤 출자금과 가입비 납부(지역마다 회원 가입 절차가 약간씩 다름)
- **배송** 지역매장별 주 1~2회 공급(주문 마감일 제도)
- **품목** 기본 품목 + 두부·어묵·묵 / 수산·건어물 / 떡·빵·잼 / 면·만두·피자 / 건강식품·꿀 / 차·음료·유제품 / 과자· 빙과 / 화장품 / 생활용품

아이쿱생협 (구. 한국생협연대)
1577-0178 www.icoop.or.kr

지역주민운동으로 출발한 부평생협을 모태로 1997년 경인지역생협연대를 출범한 뒤 현재 한국생협연구소를 비롯해 지역생협활동을 지원하기 위한 생협연합회와 유기농 도매시장을 운영한다.

- **매장** 서울 8곳, 경기 16곳, 기타 지역 41곳
- **방법** 지역생협 조합원으로 가입한 뒤 출자금과 조합비 납부(지역마다 조합비와 가입 절차가 약간씩 다름)
- **배송** 날마다 오후 11시 주문 마감 뒤 3일 내 배송
- **품목** 기본 품목 + 신선 가공식품 + 차·음료 / 수산물 / 건재 / 간식거리 / 건강식품 / 면·만두 / 친환경생활용품

두레생협연합회
02-3283-7290 www.dure.coop

'생협수도권연합회'를 모태로 출발. 2004년 '지역생명운동'이라는 새로운 정체성을 확립하고 '두레생협'으로 개칭했다. 생산이력시스템을 갖추고 있어 각 상품의 생산지, 생산자, 생산과정을 확인할 수 있다.

- **매장** 서울 12곳, 경기 29곳
- **방법** 지역생협에 가입한 뒤 출자금과 가입비 납부
- **배송** 지역 매장별 주 1회 공급(주문 마감일 제도)
- **품목** 기본 품목 + 가공식품 / 일일식품 / 차·음료 / 건강식품 / 생활용품 / 여름 기획 / 수산·건어물

정농생협
02-404-6247 www.jungnong.com

농민들의 모임인 정농회가 기반이 되어 운영되는 생활협동조합. 우리나라 조직적 유기농법 실천의 첫 출발점. 기존 4단계 인증을 넘어 물품에 따라 6~8단계로 기준 설정(비닐 멀칭, 퇴비의 질, 질산염, 종자, 경력 등을 종합적으로 고려).

- **매장** 서울 5곳
- **방법** 조합원으로 가입한 뒤 출자금과 가입비 납부(기본 교육 이수해야 함)
- **배송** 주 3회 공급(주문 마감일 제도)
- **품목** 기본 품목 + 두부·어묵 / 면·간식 / 가루음식·떡국 / 차·음료 / 건강보조식품 / 생활용품 / 화장품 / 천연염색 / 수산 / 건어물

콩세알을 심는 농부(풀무생협)
070-7764-9283 www.kongseal.com

6백여 명의 친환경 생산자가 주축이 되어 만든 온라인 유기농 유통매장. 오프라인 매장은 없다. 일반회원으로 가입한 뒤 이용할 수 있다. 생산지가 홍성군 홍동면 일대에 밀집되어 있다.

- **매장** 없음
- **방법** 일반회원으로 가입한 뒤 이용 가능
- **배송** 당일 오후 10시까지 입금 확인 뒤 2일 내 배송
- **품목** 기본 품목 + 가루식품 / 간식·면 / 차·음료 / 건강식품 / 환경생활용품

여성민우회생협
02-581-1675 www.minwoocoop.or.kr

한국여성민우회가 주체로 농업·환경·지역 살리기 활동을 펼쳐 왔다. 지역주민과 조합원을 대상으로 환경, 친환경 소비, 식품안전, 요리, 건강 등 강좌와 생산지 견학 및 요리, 노래, 책읽기, 영화, 생태목공 등 소모임, 생산자 1일 점장제, 여성생산자, 소비자 교류회 등을 운영한다.

- **매장** 서울·경기 12곳, 기타 지역 1곳
- **방법** 조합원으로 가입한 후 출자금과 가입비 납부
- **배송** 주 1회 공급(주문 마감일 제도)
- **품목** 기본 품목 + 우리밀제품 / 건강식품 / 환경생활용품 / 수산·건어물 / 차·음료

인드라망생협
02-576-1882 www.budcoop.com

도농 공동체운동을 통한 도시와 농촌의 친환경농산물 직거래를 구상하고 불교귀농학교를 수료한 동문들이 전국 각지에서 생산한 생산물을 공급한다.

- **매장** 전국 사찰 4곳
- **방법** 조합원으로 가입한 뒤 출자금과 가입비 납부
- **배송** 월요일 주문 마감 / 매주 목요일 발송
- **품목** 기본 품목 + 일일식품 / 간식 / 친환경생활용품 / 수산물 / 우리밀제품 / 건강식품

예장생협
02) 426-5801, 5803~4 www.yj-coop.or.kr

농촌과 도시, 자연과 인간이 함께 더불어 살아가는 건강한 세상을 이루기 위해 도시와 농촌의 크리스찬들이 손을 잡고 만든 생명공동체이다. 생활재를 받기 3일 전 오후 6시까지 인터넷이나 전화로 주문하면 지역별로 편성된 공급요일에 배송된다.

- **매장** 없음
- **방법** 조합원으로 가입한 뒤 출자금 납부
- **배송** 주 1회 공급(서울 및 수도권), 지방은 택배
- **품목** 기본 품목 + 신선식품 / 일반 가공품 / 수산물생선류 / 생활용품 / 여름생활재 / 선물용생활재 / 급식용

● 유기농 유통전문매장

생활협동조합과는 조금 다르지만 다양한 친환경 상품을 많은 지역 매장에서 만날 수 있다.
여러 가지 참여활동을 통해서 소비자가 쉽게 유기농을 접할 수 있다.

무공이네
02-441-8266 www.mugonghae.com

직거래 장터와 매주 수요일에 진행하는 번개 장터는 이
곳만의 특징. 유통기한이 얼마 남지 않은 상품을 깜짝 세
일해 저렴한 가격에 구입할 수 있다. 온라인 매장을 통해
오전 10시까지 주문하면 당일 배송된다. 서비스나 배송
문제, 상품파손 시 100퍼센트 환불을 원칙으로 한다.

- **매장** 전국 직영점 20여 곳 / 가맹점 11곳 / 농협 아침마루 입점
- **방법** 일반회원 / 로하스 회원(가입비와 월회비 납부 시 할인율 적용)
- **배송** 서울 · 경기 일부는 당일 배송 / 그 외는 익일 배송
- **품목** 기본 품목 + 간식 · 면 / 건강식품 / 차 · 음료 / 생활잡화 / 여성 / 문구 · 완구

초록마을
080-023-0023 www.hanifood.co.kr

초록마을 인터넷 사이트와 전국 2백여 초록마을 매장을
통해 국내에서 생산되는 친환경 유기농 식품 및 환경생
활용품, 주류 등을 판매한다.

- **매장** 서울 46곳, 경기 50곳, 기타 직영점 111곳 / 가맹점 50여 곳
- **방법** 일반회원으로 가입한 뒤 구매가능
- **배송** 일반물품은 주문 뒤 익일 배송. 저온물품은 주문 이틀 뒤 배송
- **품목** 기본 품목 + 건강식품 / 간식 · 면 / 차 · 음료 / 생활용품 / 수산 · 건어물

유기농 녹색가게 신시
1644-6279 www.shinsi.com

(주)녹색세상의 유기농 유통 사업기구. 신시 매장을 시작
으로 생태마을, 녹색문화사업, 출판문화사업 등을 운영하
고 있다. 생산지 탐방 프로그램, 생태, 건강, 육아, 교육 등
다양한 분야의 정보 수록. 해외 유기농도 취급한다.

- **매장** 서울 · 경기 35곳, 기타 지역 80곳

- **방법** 일반회원으로 가입한 뒤 이용 가능
- **배송** 주 3회 공급(주문 마감일 제도) / 서울 · 경기 지역은 당일 배송
- **품목** 기본 품목 + 우리밀제품 / 간식 / 차 · 음료 / 건강식품 / 생활용품 / 수산 · 건어물

올가
080-596-0086 www.orga.co.kr

ORGANIC의 앞 네 글자를 줄인 '올가'는 풀무원에서 운
영한다. 순수 한우, 아토피 전용 식품, 친환경 소재 생활
용품 취급. 백화점과 대형할인마트 내 매장 운영, 체험상
품, 산지체험 프로그램 운영, 매월 총매출액의 0.1퍼센트
를 지구사랑기금으로 기부한다.

- **매장** 서울 · 경기 직영점 9곳, 전국 입점 매장 26곳(롯데백화점 등)
- **방법** 일반회원으로 가입한 후 구매 가능
- **배송** 서울 · 경기 지역 당일 배송 / 그 외 익일 배송
- **품목** 기본 품목 + 차 · 음료 / 건강식품 / 간식 · 면 / 생활용품 / 수산 · 건어물

유기농 미생채
02-3667-3691~3 www.misaengchae.com

www.healgreen.com

(주)GMF에서 운영하는 친환경 농산물 전문 유통점. 농민
과 1천 여 명의 약사들이 참여. 뉴질랜드의 유기농 전문
기업인 허클베리팜스&힐그린 또한 미생채가 운영한다.
아토피 등 건강제품에 강하다.

- **매장** 미생채—전국 19곳, 힐그린—전국 7곳
- **방법** 일반회원으로 가입한 후 구매 가능
- **배송** 전일 오후 5시 30분까지 주문 뒤 익일 배송
- **품목** 기본 품목 + 화장품 · 바디용품 / 허브 · 아로마 / 아토피 / 유기농의류

한마음 유기농 쇼핑몰
0505-625-6245 www.yuginong.co.kr

호남 최초의 유기농업 단체인 한마음공동체가 주최. 한마음·자연학교, 생태유치원, 장성여성농업센터 등도 운영한다. 지역생산자 조직 및 공동체 물류센터를 갖추고 있다.

- **매장** 전국 56곳
- **방법** 일반회원으로 가입한 뒤 구매 가능
- **배송** 입금 확인 뒤 당일 배송
- **품목** 기본 품목 + 음료·차 / 환경생활용품 / 자연요법용품 / 건강식품 / 간식·면 / 수산·건어물

유기농 스토리
02-3426-6204 www.organic-story.com

국내 최초의 유기농 수입식품 전문점. IFOAM 소속체의 국제 유기농 인증을 받은 제품을 취급한다. 산모 회원 가입시 5퍼센트 할인제를 실시한다.

- **매장** 전국 백화점 수입식품 코너 및 유기농식품 코너(현대, 신세계, 롯데 등)
- **방법** 인터넷은 일반회원 및 비회원 구매 가능
- **배송** 입금 확인 뒤 익일 배송
- **품목** 해외 유기농 가공식품 조미료·소스 / 면류 / 음료수 / 건과·무슬리 등

● 유기농 직거래

생산자가 직접 운영하는 친환경 쇼핑몰 모음

팔당생명살림 팔당올가닉후드
031-576-1771 www.paldangfood.com

유기가공식품회사, 유기농업농가, 소비자, 한국여성민우회생협, 와부농협 등이 공동으로 출자하여 설립. 팔당의 영농조합 농민들이 만들어 믿을 수 있고, 서울에서 가까운 팔당의 유기농산물을 직접 팔당공장에서 가공한다. 빵, 쿠키, 케이크, 잼, 반찬, 효소가 주요 제품.

아미마운트
063-652-0453 www.amimount.com

산지에서 농부가 직접 보내기 때문에 신선하고 안전하다. 과일, 채소, 곡물, 기타 건강식품들을 판매하고 농촌관광 및 체험활동도 신청할 수 있다.

아피스
031-460-8888 www.affis.net

농림수산식품부 산하기관인 한국농림수산부의 주관으로 이루어진 농민 직거래 온라인 장터. 농산물 임산물, 축산물, 전통가공식품 등을 판매하며 식재료와 관련된 다양한 정보를 알 수 있다. 회원 가입 후 물건을 구입할 수 있으며 배송비는 무료다.

영양장터
054-683-0689 www.yygmarket.com

경상북도 영양군에서 생산한 제품을 생산지 가격 그대로 구입할 수 있는 곳. 고추, 야콘, 기타 농산물을 생산·판매한다. 농촌체험 프로그램 진행.

한농유기농마을
033-333-3999 www.hannongfarm.co.kr

지구환경회복운동 돌나라 한농복구회 산하 국내 10개 지부 가운데 하나이다. 농산물과 자연방사유정란을 생산·공급. 야콘즙, 솔환, 케일분말 등 농가공식품과 숯을 이용한 건강용품도 판매한다.

두물머리농장 대지향
054-843-0501 http://www.dumul.com

두물머리농장에서 직접 재배한 유기농산물을 주원료로 야채효소 '대지향'을 생산한다. 탄산음료와 수입 오렌지 주스에 맞서 우리의 유기농 음료를 모두가 저렴하게 마실 수 있다. 딸기따기 체험 행사를 매년 실시한다.

나에게 맞는 유기농 가게 찾기

채식인이라면?

육식에 입맛이 젖은 사람들도 채식으로 식습관을 바꾸는 데 어려움이 없도록 콩과 글루텐(밀)을 사용해서 채식고기를 만든 제품과 달걀, 동물성 원료, 화학조미료, 방부제가 들어가지 않는 순수한 채식 웰빙 먹을거리를 제공한다.

베지푸드 www.vegefood.co.kr **해바라기** ww.62nong.org
베지월드 www.vegeworld.net **채식사랑비즌** www.vegn.co.kr
베지랜드 www.vegeland.com **베지테리아** vegeteria.co.kr

직접 보고 사야 안심된다면?

온라인에서 직접 사는 것은 믿을 수 없다. 지역 매장에서 꼼꼼히 살펴보고 장을 보는 세심형이라면 살고 있는 지역에서 가까운 곳에 친환경 매장이 있는지 살펴본다.

- 한국생협연대, 한살림, 두레생협, 정농생협, 여성민우회생협, ECO생협
- 무공이네, 초록마을, 올가, 미생채, 한마음유기농쇼핑몰, 유기농녹색가게 신시, 유기농 스토리, 온라인 유기농도매센터, 총각네야채가게

싱글에게 딱 좋은 매장은?

싱글은 적은 양을 파는 곳이 딱 좋다. 자주 장을 보지 않고 한번 장을 보면 냉장고에 넣어 오래 두고 먹는 이에게 소량 포장으로 판매하는 친환경 매장을 추천한다.

무공이네 www.mugonhae.com **힐그린** www.haelgreen.com
농군마을 www.canaanmall.com **이팜** www.efarm.co.kr
미생채 www.misaengchae.com **올가** www.orga.co.kr

아이가 있는 집이라면?

아이가 있는 곳은 더더욱 먹을거리, 입을거리, 생활용품에 신경 쓰게 마련이다. 먹을거리뿐만 아니라 아이에게 필요한 각종 분유, 이유식, 기저귀, 유아화장품, 장난감 등 친환경물품을 판매하는 곳을 소개한다.

유기스토어 www.62store.com **신시** www.shinsi.com
해가온 www.hegaon.com **힐그린** www.healgreen.com
미생채 www.misaengchae.com

구입하는 것으로만 만족 못해!

생태환경운동에 관심이 있고 소비자와 생산자의 건강한 관계를 꿈꾸는 분들에게 생활협동조합을 추천한다. 조합원 신분으로 생산과 유통 과정에 함께 참여할 수 있으며 소비자인 조합원이 농산물의 품질을 인증하는 '자주인증제도'를 시행하는 곳도 있다. 보통 조합원들에게 다양한 교육과 활동을 제공한다.

두레생협 www.dure.coop
한살림 www.hansalim.or.kr
아이쿱생협연대 www.icoop.or.kr
여성민우회생협 www.minwoocoop.or.kr

산지체험에 가고픈 활동형

생산지 탐방과 주말농장, 논농사 체험 같은 생산 과정에 함께하거나 정월대보름, 단오, 가을걷이 등 절기별 축제를 하는 곳이다. 요리, 생태목공, 건강과 관련된 교육강좌와 지역회원 모임도 진행한다.

두레생협 www.dure.coop
콩세알 www.kongseal.com
여성민우회생협 www.minwoocoop.or.kr
인드라망생협 www.budcoop.com
신시 www.shinsi.com
무공이네 www.mugonghae.com
올가 www.orga.co.kr
한마음공동체 www.yuginong.co.k
한살림 www.hansalim.or.kr

아토피 벗어던지고파~

대개 친환경 매장은 먹을거리가 중심이지만 매끈한 피부와 건강한 몸을 가꾸고 싶은 몸짱형을 위한 건강용품 및 생활용품이 많은 곳도 있다.

미생채 www.misaengchae.com
웰빙지기 www.wbzigi.co.kr
신시 www.shinsi.com
여성민우회생협 www.minwoocoop.or.kr

매실 파는 곳 어디 있을까?

지리산청학동 매실농원
http://www.imaesil.co.kr 055-882-7078

경남 하동군 청암면 묵계리에 위치한 매실농원. 지리산의 깨끗한 자연환경에서 무공해로 재배된 질좋은 묘목과 매실 및 기타 농산물을 공급하고 있다. 청매실, 황매실, 토종매실, 매실묘목, 토종잡꿀, 고로쇠수액, 지리산곶감, 감 판매

하동 매실농장
http://www.maesilfarm.com 055-884-4657

하동 매실은 물, 공기, 토양이 오염되지 않은 지리산자락에서 생산된다. 1만 평의 농원에서 재배되는 매실의 양은 연간 20여 톤. 2006년 서울 청계천변에도 하동 매실거리가 조성되었다. 매실뿐만 아니라 매실원액, 매실장아찌 등 매실을 활용한 다양한 상품을 판매한다.

초록매실농장
http://www.maesil-one.com 055-884-0204

농약, 화학비료, 제초제 없이 자연환경농법으로 유기농매실을 가꾸고 있다. 직거래를 통한 판매를 하지 않고 오직 재래종 생매실 하나만을 고집하며 자연친화적인 골판지로 제작한 박스에 5킬로그램, 10킬로그램 두 가지 상품을 판매한다. 한다. 경남 하동군 양보면에 위치.

함초롬 이슬 머금은 매실
http://www.hamchorom.co.kr 061-772-0689

함초롬 이슬 머금은 매실이란 이름은 '어떤 기운이 서리어 있거나 물기를 머금고 있어서 차분하고 곱다'라는 '함초롬'에서 따온 말이다. 매실 및 매실 가공품뿐만 아니라 매실에 대한 다양한 정보를 나누기 위해 블러그와 홈페이지를 운영하고 있다.

사계절 건강지킴이

매실로 차린 초록식탁 50가지

| 펴낸날 | 초판 1쇄 2009년 6월 30일 |
| | 초판 3쇄 2010년 4월 15일 |

지은이 **이보은**
펴낸이 **심만수**
펴낸곳 **㈜살림출판사**
출판등록 1989년 11월 1일 제9-210호

경기도 파주시 교하읍 문발리 파주출판도시 522-1
전화 **031)955-1350**   팩스 **031)955-1355**
기획·편집 **031)955-4679**
http://www.sallimbooks.com
lohas@sallimbooks.com

ISBN   978-89-522-1190-3   13590

책임편집 **윤주용**